すごいコアラ!

飼育頭数日本一の平川動物公園が
教えてくれる不思議とカワイイのひみつ

平川動物公園

新潮社

はじめに

「コアラ」と聞いて思いつくのは「よく寝ている」、「ユーカリを食べる」そんな印象ではないでしょうか。

もちろん、正解です。しかし、それ以上に「くっついている指がある」、「野太い声で鳴く」、「赤ちゃんはうんちを食べる」など、不思議な生態と、おもしろい魅力でいっぱいの生き物なんです。

平川動物公園は鹿児島市の平川町にある動物園で、１９８４年に、日本で初めてコアラが来園した動物園のひとつです。今年は初来日から40年。２０２４年9月現在、平川動物公園は国内最多の18頭、コアラ飼育40年の歴史では通算１０５頭と、日本一の飼育頭数を誇ります。

この40年の飼育員や獣医師の、努力とチャレンジの積み重ねで今のコアラ飼育は成り立っています。ユーカリしか食べないコアラにとって、なによりもエサを安定的に確保するという課題。また、食べたユーカリの繊維や毒素を分解するために、1日20時間ほど寝たり休んだりする動物なので、普段通り寝ているのか、具合が悪くて寝込んでいるのかは、飼育員が経験を積まないと判断がつきません。飼い始めた当時の飼育員は、それまでに接してきた動物とはまったく違う生態を前にして、それこそ未知の生き物を飼育しているような心持ちだったと思われます。

また近年では、２０１９年〜２０２０年にオーストラリアで過去最大級の森林火災があり、約5万頭ものコアラが犠牲となりました。コアラの住処である森林の減少の影響で、市街地近郊にまで生息域が拡大し、交通事故で命を落とすコアラも数多くいます。

日本での40年の飼育の歴史を通してもまだまだ分からないことが多く、コアラの未来のためにさらに取り組むべき課題があります。だからこそ、この本をきっかけに少しでもコアラに興味を持っていただけたら嬉しいです。

10月25日はコアラ初来日を記念して、「コアラの日」と制定されています。平川動物公園は、そんなコアラたちと同じ空間を実際に体感できる動物園です。ぜひコアラたちに会いに来てください。

平川動物公園一同

※尚、本書記載の情報は特記がない限り２０２４年9月現在のものです。

カナエ

インディコ
スター

ユメ
ツムギ

アーチャー

ハヅム

アラタ

タイヨウ

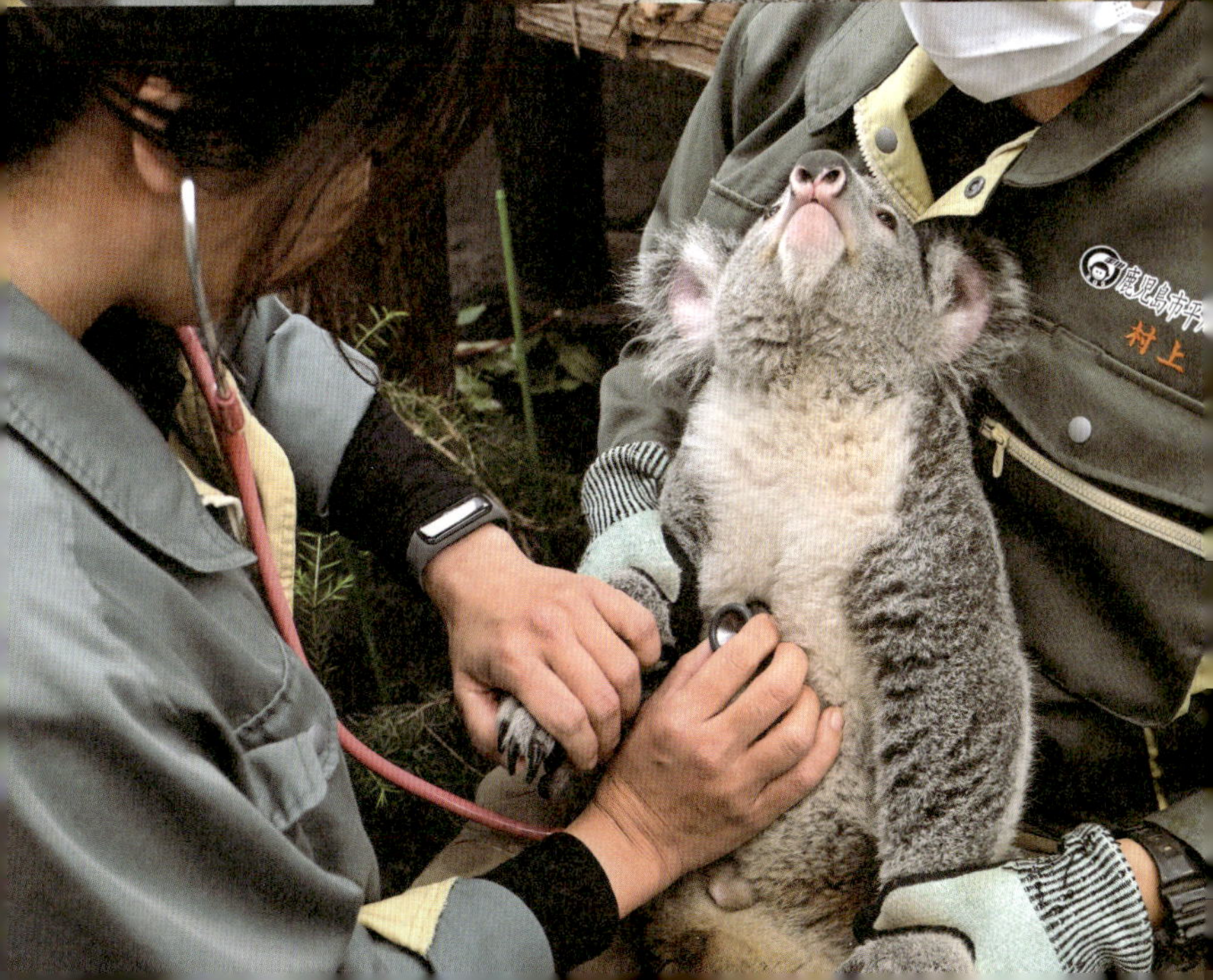
村上

ハヅム
アサヒ
タイヨウ

つくし

園のコアラは
頁数!!

※ 2024 年
9 月 2 日現在

ガラス展示室
(旧館)にいるよ!

オーストラリア
ドリームワールド
より来園

ユメ♀

2015.1.2 生まれ 5.9kg

アーチャー♂

2019.4.26 生まれ 7.81kg

リオ♀

15.12.10 生まれ 6.62kg

スター♂

2023.11.18 生まれ 2.18kg

ピース♀

2021.6.29 生まれ 4.67kg

インディコ♀

2019.12.22 生まれ 6.82kg

ツムギ♀

3.5.13 生まれ 3.72kg

つくし♀

2020.9.3 生まれ 7.76kg

東山動植物園
より来園

ライト♂

2021.5.14 生まれ 8.4kg

今はイベント広場の
裏で過ごしてるよ!

平川動物公
国内最多

ウォークスルー展示室（新館）にいるよ！

アサヒ♂

2022.12.9 生まれ 5.7kg

タイヨウ♂

2022.8.11 生まれ 6.47kg

ノゾム♂

2022.2.26 生まれ 6.81kg

ヒマワリ♀

2019.6.22 生まれ 6.51kg

チャーボウ♂

2023.10.21 生まれ 2.23kg

アラタ♂

2023.6.14 生まれ 4.29kg

カナエ♀

2021.6.13 生まれ 5.94kg

ヒナタ♀

2021.3.27 生まれ 5.41kg

キボウ♀

2019.10.17 生まれ 4.89kg

※ 2024 年 9 月現在、上記 18 頭以外に 6 頭のコアラを、繁殖を目的とした「ブリーディングローン」として他園館に貸出し中

すごいコアラ！

飼育頭数日本一の
平川動物公園が教えてくれる
不思議とカワイイのひみつ

目次

第5章　コアラたちに会いに行こう！　92

すごいコアラ!

飼育頭数日本一の
平川動物公園が
教えてくれる
不思議とカワイイ
のひみつ

平川動物公園　コアラ飼育員

村《むら》上《かみ》浩《こう》一《いち》さん
飼育担当4年目
駒《こま》寿《じゅ》礼《れ》奈《な》さん
飼育担当4年目
落《お》合《ち》晋《しん》作《さく》さん
飼育担当5年目
リオ

第1章

コアラって何者?

和名 コアラ

英名 Koala

学名 *Phascolarctos cinereus*

分類 双前《そうぜん》歯目《しもく》（カンガルー目）
コアラ科

●**成獣の体長**
オス：70～80cm
メス：65～70cm

●**成獣の体重**
オス：6.5kg（4.2～9.1kg）
メス：5.1kg（4.1～7.3kg）

●**平均寿命**
10～15年（飼育下）

毛並みは硬いウサギ、鼻は濡れていない犬？

コアラのおもしろ生態

コアラはオーストラリアの固有種です。オーストラリアと一口に言っても日本の約20倍と広く、その中でも東海岸エリアが主な生息場所となります。北のケアンズ辺りからブリスベン、ゴールドコースト、シドニー、キャンベラと下り、南はメルボルンまで。そこのユーカリの森や林の木の上で暮らす有袋類です。

大きく分けると毛が灰色の「北方系」と茶色の「南方系」の2系統がおり、平川動物公園のコアラは北方系です。日本では全国で七つの動物園でしかコアラを飼っておらず、この7園すべてで北方系コアラを飼育しています。その中で、兵庫県にある淡路ファームパーク イングランドの丘にだけ、南方系コアラも2頭います。

北方系と南方系で明確な生息域の区別はありませんが、南の方に行くと体が大きくなって、寒さに強く、毛色も濃くなりもこもこしてきます。だから北から南にかけて広く分布してはいますが、北のコアラ、南のコアラと、2系統として扱っています。

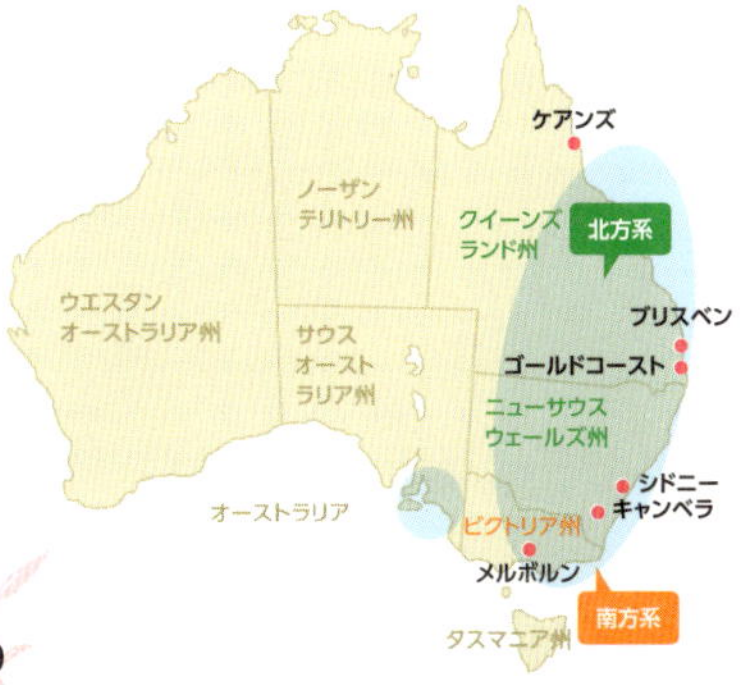

オス
耳
大きな耳は、小さな音や遠くの音でも聴き取ることができます。「自分のテリトリーに何か来た！」と感じると、耳がピクッと反応しています。
目
瞳孔は縦に細長く、暗闇でも見えていますが、視力はあまりよくありません。広い視界が必要な生き物→横長、距離を測る必要がある生き物→縦長とも言われてます。
鼻
大きな鼻は好きなユーカリを見つけるのに重要な役割を果たしています。犬ほどぷにぷにしていませんが、鼻の穴は柔らかく、うっすら毛が生えてます。
臭腺
大人のオスコアラの胸にはにおいの液を出す部分があり、木にこすりつけて自分の縄張りを主張します。においは……洗っていないへそのにおいです（笑）。
パム

前足

親指と人差し指が他の指と離れ、動物（サルの仲間以外）では珍しく指紋もあります。この形状に加えて鋭い爪と強い握力で、木に登る際は滑らず、ぶら下がっても落ちません。

口

上　【門歯(前歯)】6本　【犬歯】2本　【臼歯】10本

下　【門歯(前歯)】2本　【臼歯】10本

歯は全部で30本あり、ユーカリの葉をすりつぶして食べるので臼歯が発達しています。歯が茶色く見えるのは虫歯ではなく、ユーカリの色素沈着です。

後ろ足

人差し指と中指はくっついていて、爪だけが2本生えているように見えますが、この指で毛づくろいをしています。また親指だけ、なぜか爪がありません。

メス

育児のう

子供を育てるための袋で、子を産んだメスコアラだけ袋が伸びて機能します。中には乳頭が二つあり、袋の口は子育てがしやすいよう下向きについています。

かつてはクイーンズランドコアラ、ニューサウスウェールズコアラ、ビクトリアコアラの3タイプがいると言われていました。生物の法則で「ベルクマンの法則」というものがあり、寒いところに行けば行くほど、寒さに適応するために体が大きくなると言われているのですが、コアラもまさに南極に近づけば近づくほど、体は大きく色も濃くなります。日本でいうと、東山動植物園のコアラはニューサウスウェールズの血統が濃いので、平川動物公園よりもちょっと大きめの子が多くいます。今うちにいるインディコ、つくし（ともに東山動植物園より来園）はまさにそうです。逆にアーチャー（オーストラリアのドリームワールドより来園）はクイーンズランドの血統なので毛並みや毛色も薄く、ややシュッとした体格をしています。

毛色の灰色と白の配色にも意味があります。生き物は天敵に自分の体が見つからないようにするのが究極の目的なので、お腹側が白いのは地面から見上げた時に黒い塊がいるよりも、白い方が太陽光とかぶって分かりにくいからです。逆に上から見下ろすと、頭や背中の灰色がユーカリの葉に紛れて分からない。実際、野生のコアラを見たことがあるのですが、ユーカリの木の色と同化し、葉っぱの

コアラメモ

掻く

体を掻いている姿は「かゆそう」と思われがちですが、実は毛づくろいをしています！

中に紛れ込まれたら本当に分かりません！　ガイドの人に「あそこにいる！」と言われても、見つけるのが大変でした。ユーカリの葉っぱ自体もシルバーがかった緑色かつ、樹皮は白っぽい色をしているので、体の色と馴染んでしまうのです。コアラは自分を守るために、このような色をしています。

そして、コアラは漢字だと「子守熊」、英語圏では「コアラ・ベアー」と呼ばれますが「クマ」の仲間ではありません。カンガルーやウォンバットと同じ、子育て用の袋がある「有袋類」です。

また、コアラは繊細な生き物でストレスを溜めやすいことから、日本の動物園などではコアラ飼育員、獣医師以外は、動物園の関係者であっても触れることがありません。触った感じを他の動物で例えると「毛並みを硬くしたウサギ」で、毛量が多い子は弾力もあります。この厚い毛で覆われているおかげで、暑さや寒さ、紫外線から身を守ることができるのです。昔、平川動物公園でも屋外でコアラを飼っていたことがありましたが、雨でびしょ濡れになっても寒そうにすることはまったくありませんでした。毛質も若干脂っぽいので、水も弾くのです。

コアラメモ

ジャンプ

のんびりしたイメージを覆すほど、木々の間を大ジャンプすることがあります！

ユーカリはおいしい1割しか食べません

コアラの主食となるユーカリは、朝一とお昼前の2回に分け、エサ筒に入れて設置します。3頭で飼っている部屋や、子供がいるところは調整しますが、基本コアラ1頭に対してエサ筒は2本。筒に入っているユーカリは全部同じ葉っぱに見えるかもしれませんが、一つの筒には最低3〜4品種のユーカリを入れ、お昼の追加分ではさらに異なる品種を入れるので、日にもよりますが1日で5〜6品種、コアラたちが楽しめるようにしています。ちなみに、ユーカリの品種は世界で約800種あると言われており、その中でコアラが食べるのはごくわずかな種類で、平川動物公園では現在13種類を栽培しています。気候や在庫との兼ね合いで3品種しかあげられないという時は、畑や採って来た日を変える等で、ちょっとでも味に変化をつけるように心がけています。

コアラ好きの常連さんからは「平川は、エサの量が他の園にくらべても多いですよね！」と言われることがよくあります。なぜこんなに与えるかというと、どれを好んで食べるかが日によっても変わり、正直分からないからです。

体が大きいオスほどよく食べますが、アサヒ（1歳9か月）は赤ちゃんの頃からユーカリが大好きで、他のコアラよりも延々と食べ続けています。

アサヒ

「こんなの食べないでしょ！」という葉を完食することもあれば、「これ絶対喜ぶよね！」という葉に見向きもしないことも。100%食べる保証がなければ、数を多く入れてカバーするしかない。動物園の飼育員として「動物福祉」を守る役割も担っていることから、エサを選ぶ時間を楽しみにして幸福感を感じてほしいので、おいしい新芽がついたユーカリをふんだんにあげています。

コアラの食事風景を観察すると、まず鼻でおいしそうな葉っぱを嗅ぎ分け、次に片方の手でユーカリの枝を手繰り寄せてゆっくりにおいを嗅ぎ「あっ、いける」と判断したら食べ始めます。お腹が減っていれば選り好みせずすぐに食べることもありますが、逆に時間をかけて慎重に好みの葉を嗅ぎ分けていることも多いです。葉っぱの付け根から食べるのですが、中でも先っぽの柔らかい新芽が大好きです。新芽をよく食べ、それより下の硬い葉はそんなに食べないので、実際は与えたユーカリの1割程度しか食べません。こういうお話をすると、すごく贅沢だと思うかもしれませんが、コアラは硬い葉をたくさん食べてしまうと、歯が磨り減って、あまり長生きできなくなってしまうのです。新芽を食べ終えるときれいに枝だけの状態になっているので、ぜひそこも注目してください。

コアラメモ

採食

手前には好みのユーカリが見当たらないようで、遠くから手繰り寄せて探しています。

大きな鼻で、ユーカリのおいしい・まずい、新しい・古いを、しっかり嗅ぎ分けることができます。

葉は付け根から食べ、新芽が食べ尽くされると、きれいに枝だけの状態に。こうなると嬉しいですね！

ノゾムはいつも幸せそうな顔でよく眠る子です！

「寝相も個性」1日20時間ZZZ

ユーカリには毒素があり、コアラが食べても平気なのは、盲腸の中に毒素を分解できる腸内細菌を飼っているからです。しかもその盲腸は、体長約70㎝に対して2ｍもあります。毒素と、硬く繊維も多いユーカリの葉を消化分解するには、たくさんの時間とエネルギーが必要となり、1日20時間も眠ったり休んだりしているのです。

王道の丸まって眠る姿以外にも、寝相にはコアラたちの性格や個性がたくさん出ています。よーく見ると半目になって眠っている子もいるんです（笑）。

この「開き寝」は、つくしオリジナルの寝方です。

木の股に顔を置くと楽な姿勢をとれるようです。

イケメンポーズのような休み方も個性のひとつです。

オスの鳴き声はいい男の証

コアラのオスは2歳前後から「テリトリーコール」という、何とも言えない野太い声で鳴き出します。これは、自分の存在を他のコアラに示したい証拠です。

そもそも野生のコアラは、縄張り意識が強い動物です。ユーカリの生えている量によっても大きく変わりますが、最小でも1haはある広大な縄張りの中に、1頭のオスが木の上でポツンと単独で暮らしています。エサの取り合いは避けたいけれども、メスは近くにいてほしい。そこでテリトリーコールをするのですが、コアラの可愛い姿からは想像がつかないほど、のけ反った体勢で鳴きます。それに加え、性成熟を迎えたオスは、発達した胸の臭腺から出るギトギトの液体を、いろんなところに擦りつけてマーキングします。

ノゾム・タイヨウの2頭はまだ子供ですが、年齢的には思春期に当たるので、朝の掃除の時にメスのにおいがついた飼育員が入ると「自分の縄張りにメスがいる」と、そわそわ動き回り、掃除道具や長靴のにおいを嗅ぎ、時には噛むこともあります。この行動こそ、大人への第一歩です。逆にこのような動きが盛んにある方が、いいオスに成長していると感じます。

ゴゴゴゴゴ〜ヴィツ
アーチャー

テリトリーコールは、ガラスごしの展示室でも、耳を澄ませば聴こえるほど大きな鳴き声です。

ハルム

長靴やほうきのにおいを嗅ぐことも日常茶飯事です。

アーチャー

組木に臭腺を擦りつけてマーキングし、自分の縄張りを示しています。

タイヨウ

掃除で回収した糞や葉っぱにも、他の個体のにおいがついているので気になります。

コアラ抱っこの不思議

飼育園によって様々ですが、爪が鋭いコアラを人間の子供のように抱っこしようとすると落ち着かず、引っ掻かれる可能性が非常に高いです。そのため、平川動物公園では、人間の腕を木に見立てた形で座ってもらう抱っこの仕方をしています。

片手でコアラの前足を集めて握り、ちょうどひじを曲げたあたりに座らせます。一見、コアラが身動きできず拘束されているようにも感じられますが、実はコアラの前足の間に飼育員の人差し指が入っています。こうすればコアラも動きが制限されすぎず、木の股に座る行動に似ており、安定して落ち着くのです（7ページの写真もコアラ抱っこの様子です）。

そんなコアラの抱っこですが、お尻をつける際に個体によって飼育員の右腕に乗ってくる子と、左腕に乗ってくる子に必ず分かれます。右腕に乗る子を左腕に乗せようとしても嫌がるし、逆も同じ。たまにどうしようもなくて反対の腕に乗

コアラメモ

抱っこ

このようにライトは右腕、アーチャーは左腕と、乗る側が個体によって分かれます。

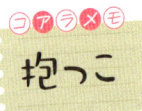

せることもありますが、やはり落ち着きがありません。どちらの腕でもいいよ！という個体はあまりいないのです。だから、個体の好みに合わせて、乗りたい方の腕で常に抱っこしています。

コアラ担当になってすぐの飼育員は、抱き方ひとつにしても下手です。強引に抱こうとしてしまい、何度もコアラに噛まれたりします。そういうコアラは抱かれるのを嫌がるようになったりします。中でも、キボウは抱っこが苦手。インディコ、タイヨウ、ピースは集中力がなくて問題児（笑）。すぐ噛んできます。逆にアーチャーは誰が抱っこしても問題ないのですが、オーストラリアにいた頃、観光客相手の「抱っこ要員」だったそうです。そういう前歴があるせいか、ものすごく落ち着いています。しかし、彼のオーストラリア時代のカルテを見ると「集中力がなく、落ち着きがない」と、のちにイベント要員から外されてしまったようで……。だいたい抱っこイベントは30分交代なので、さすがに30分という長丁場は厳しかったのかもしれませんね。

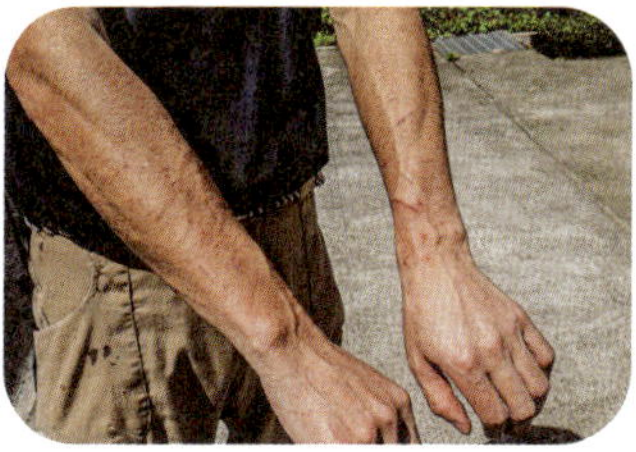

コアラメモ

コアラ傷

飼育員あるあるですが、腕の傷は全部コアラに引っ掻かれたものです（笑）。（落合飼育員）

コアラコラム 1

コアラはなぜユーカリしか食べないの？

オーストラリアでユーカリを主食とする動物はほとんどいませんでした。コアラも本来はもっと、栄養価の高い草や葉っぱを食べたかったと思います。でも、地上ではカンガルーやウォンバットに住む場所を奪われ、そういう中でコアラの祖先は「食べ物がない、どうしよう」となった時に上を見たらユーカリを発見！「誰も食べていないし、おいしいのかな？」と思いつつ食べてみると……硬いし、毒もある。「でも、これしかない」と進化の過程で食べ続けて今に至るのです。だから、進化の上では負け組かもしれません。オーストラリア大陸では天

焼き鳥を食べるかのように、
手で持ってきれいに
完食します。
カナエ

鼻のあたりにある
小さい葉っぱが「新芽」と
よばれるものです。
ハルム

おいしいユーカリ探し
のために空気椅子状態
でも食べています。
アサヒ

敵がいなかったからこそ生き残れたので、これが他の大陸であれば、多少逃げ隠れはできると思いますが、最終的には間違いなくやられていたでしょう。そういった意味では、エサは比較的ふんだんにあるけれど、生活スタイルとしては消化とエネルギーの吸収のためにたくさん寝ざるを得なくなってしまった、少し切ない進化を遂げた動物です。コアラだって、本当は食べたいものを食べる生活をしたかったかもしれません。でも、生存競争に敗れてユーカリを食べる方に全振りした動物なんですね。

ゼロ距離コアラ

～どアップ生態編～

基本「鼻は黒」ですが、個体によりピンクがかったり、色が薄くなっている子もいます。

おいしそうと選んだユーカリを、こんな風に自分の口もとへ手繰り寄せて食べます。

ひげ以外にも、ぷにぷにした鼻の穴のまわりには白い産毛がたくさん生えています。

耳の形にも個性があり、丸い耳、垂れ耳の他、位置も顔の横や頭の方などいろいろです。

他の個体のにおいがついた飼育員が気になり、撮影カメラに向かってくる様子です。

第2章

ユーカリを制する者はコアラ飼育を制す

ユーカリで始まる飼育員の一日

8時15分に始業してまず、落合・村上両飼育員で館内の消毒や、前日分のエサの回収と新しいエサの設置、駒寿飼育員が掃除をしつつ、コアラの状態確認を行います。3人で作業できる日は効率よく進みますが、休みの日もありますので、一人や二人で作業する日は時間との戦いになります。終わり次第、9時半頃から落合・村上両飼育員がお昼前に追加する分と、翌朝与える分のエサ作りに取り掛かります。毎日11時から「コアラのお食事タイム」のガイドがあるので、それまでに設置し終わるのが理想ですが、この「エサを作る」という仕事には六つの工程があり、

①作業場の地面をきれいに洗い流す
②エサ筒の消毒
③冷蔵庫から品種ごとに分けたユーカリのバケツを取り出す
④再度、地面をきれいに洗い流す
⑤エサ筒の洗浄
⑥エサ筒に選んだユーカリを入れる

全部終えるまでに、1時間以上はかかるのです。

順番に見ていきましょう。

まず①に関して、この「地面をきれいに洗い流す」ことは、地味に思えますが、とても重要な作業のひとつです。前日のエサを回収した際に残った葉っぱが落ちるだけでなく、コアラは基本的にユーカリの葉っぱの中で休んでいるので、糞や尿なども一緒に落ちていたりします。まな板の上をきれいにするように、3分くらいかけて水でしっかり地面を洗い流します。

次に②。朝回収したエサ筒を消毒します。この消毒液はコアラが触れても大丈夫なものです。ちなみに茶色の筒が新館用、グレーが旧館用です。

続いて③。ユーカリの入った冷蔵庫は花屋さん同様、13度くらいに保たれています。鮮度を保つためにバケツには水も入れており、1バケツあたり50kgほど。さすがに男性でも抱えきれないほど重く、これを冷蔵庫から6バケツ分ほど取り出します。ちなみに、バケツは品種ごとに分けて保管しています。

そして④。③で冷蔵庫からバケツを取り出した際に、地面に引きずった影響でバケツが欠けて、破片が飛び散ることがあります。万が一にも作ったエサに付着したら大変です。さらに、ここでも3分ほど時間をかけてしっかり地面を洗い流します。

コアラメモ
ユーカリ冷蔵庫

採取に行くときは、この冷蔵庫の中身と相談しながら、採取する品種・畑を決めます。

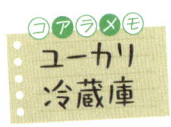

このように葉っぱがたくさん落ちているので、
糞尿の汚れと一緒に洗い流します。

ユーカリを入れるエサ筒です。一本一本ていねいに消毒・洗浄を行います。

⑤では、先ほど消毒した②のエサ筒を洗い流していきます。ここでも筒の中には葉っぱや糞尿が残っていることもあるので、チェックが必要です。

ここまできて、ようやく⑥のエサ作りです。お昼分のエサに関しては、朝与えた品種とかぶらないように選びます。この日は朝が3品種でしたので、追加で少なくとも2品種、計5品種の中からコアラたちが選んで食べられるような状態にします。だいたい、1日で5～6品種が理想です。翌朝の分も含め、毎日33本（大人のコアラ1頭で2本）のエサ筒を作っていきます。

この時、中途半端にユーカリを入れると、エサ筒からすぐに抜けてしまいます。ですから、パンパンに入るよう、かなりの力で押し込む必要があるのです。コアラはこのエサ筒のユーカリを食べる他、この中で寝たり、休んだりしています。

ここで気を付けていることがひとつ。ユーカリは大変傷みやすく、特に新芽はデリケートです。もちろん、作業上触れてしまうことはあるのですが、できるだけ傷まないようにていねいに扱うことを心がけています。

そしてユーカリに関する作業はこれだけではありません。このエサ作りとは別に、もうひとつエサの準備を進めています。

コアラメモ

ユーカリポット

エサ筒は通称“ユーカリポット”と呼び、お腹が減っているコアラはすぐにやって来ます。

冷蔵庫から出したユーカリのバケツから、花屋さんのように品種をセレクトしていきます。

完成した「コアラのご飯」です。作り次第、すぐにコアラたちのもとへ設置しに行きます。

毎日のユーカリ洗浄は200kg以上

今日のお昼と翌朝のエサ作りをしている横では、前日採取してきたユーカリの洗浄作業と計測を行います。これは翌日昼以降のエサの下準備です。なぜ洗浄するかというと、葉っぱには鳥の糞や虫がついていたり、鹿児島では頻繁に桜島が噴火して火山灰が降ってきたりするので、それらを落とす必要があるからです。一本一本検品して、新芽がついていない枝、細い枝、短い枝、枯れ葉が多い枝などは弾きます。同時に1バケツずつユーカリを抱えて体重計に乗って重さを測り、毎日記録をとって在庫管理します。採取する畑が日々異なるので「どこで」「どの品種を」「何キログラム採取したか」ホワイトボードに書き留めます。

1バケツ、ユーカリだけで約25kg。飼育員が採取した5バケツ分と、日によって契約している圃場《ほじょう》から届く分も合わせると、その日だけでも9バケツあり、全部で約225kg。1時間以上かけて計測・洗浄をくり返し、水を入れたバケツに戻します。その後、ユーカリはカビが生えやすいので、屋根の下で1日風にあてて乾かしてから冷蔵庫で保管します。朝の掃除も1時間半はかかるので、それだけで午前中はほぼ終わってしまうのです。

コアラメモ

カビ防止

ユーカリは濡れていると新芽からカビが生えてしまうので、屋根の下でしっかり乾かします。

【手前】ユーカリ洗浄を行う駒寿飼育員
【奥】エサ作りを行う村上飼育員

バケツごと体重計に乗って計測します。ユーカリの重さは約25kgです。

「夏の炎天下では体力的にきつくないですか？」と聞かれますが、ひたすら水を撒いているので、逆に濡れて涼しいです（笑）。雨の日が続いたり、台風の時も同様です。とはいえ、台風が来たら新芽が全部飛んでしまうので、そんな悠長なことは言っていられないのですが……。それこそ台風がこちらに向かってきている場合は、前もってたくさんユーカリを採取する必要があり、その時はコアラ飼育員だけでは人手が足りず、他の飼育員たちにも協力してもらいます。普段であれば、採取したユーカリをその場で品種分けしてバケツに入れています。しかし、台風前は１本でも多く採取することを最優先とするので、品種分けは気にせずに、ひたすら採取したユーカリをバケツに入れコアラ館へ運びます。コアラ館では飼育員１人が待ち構えているので、そこで急いで品種分けと洗浄を行っていきます。今日は９バケツでしたが、台風に備える場合は20バケツ以上あり、もちろん冷蔵庫に入りきらないので、コアラ飼育員の事務所でも冷房をつけて保管します。事務所中、ユーカリのいい香りが充満します！

また、ユーカリ畑と一言で言っても、小さい畑から大きい畑までいろいろあり、つまずいたらおしまい……というような、急斜面の畑もあります。さすがに雨の日などは、このような畑での作業は少し怖いですね（笑）。

コアラメモ
ユーカリ畑
園内にある畑です。品種ごとにエリアを固めており、園内に約2000本を植えています。

ユーカリは貯金と一緒！あればあるに越したことはない

前述のとおり、コアラはユーカリの葉の中でも新芽を好み、1頭あたり1日200〜500g、多いと1kg食べ、計18頭のコアラたちで年間約34t（1頭につき1000〜1200本）ものユーカリの枝を消費します。動物園内にもユーカリ畑がある他、メインは鹿児島市内外約40か所に整備した、ユーカリの圃場と呼ばれる農場のような場所で、合計2万本以上を栽培しています（一部はユーカリ栽培組合等に委託）。一番遠い場所は種子島で、そこで採取したユーカリはコンテナに入れて船で運んでもらいます。複数か所で分散して栽培することにより、台風や冷害などの天候の影響でユーカリが一気に枯れるといったようなリスクを回避します。ちなみにユーカリはオーストラリアで約800種類あると言われ、そのうちコアラが食べるのは80〜90種類。平川動物公園では13種類のユーカリを栽培・管理しています。

そんなコアラたちのエサは、飼育員自ら毎日採取に向かいます。実は、飼育員

コアラメモ
採取

採取から戻って来たところです。軽トラにバケツを積み、飼育員自ら毎日運転します。

がコアラの飼育と、ユーカリの栽培・採取、畑の管理すべてを兼務するのは珍しいことです（ユーカリ畑管理専門のスタッフも2名います）。他の飼育園では、基本的にコアラの飼育とユーカリ担当は別です。それぞれの飼育園でのやり方がありますが、平川動物公園の場合は飼育担当者がユーカリを直接見た上でなるべく良い状態のものをあげたい。これはコアラを飼育する上で、一番大事にしていることです。エサ筒の中に入っているユーカリは前日～数日前に採って来たものになりますが、園内や近場にユーカリ畑がある強みから、採取のついでに採れたての長い枝をあげることもあり、これは見た目が少々良くなくても本当に飛びつくほど喜びます。

「ユーカリを制する者はコアラ飼育を制す」が、平川動物公園の合言葉です。もちろん病気の時は別ですが、ユーカリさえあればコアラ飼育は何とかなります。

だからこそ、年間の調達計画、気候による採取量の増減などもきっちり把握しており、12月になると全部の畑の木の本数から品種の数までカウンターで数えて管理します。肉屋さん、魚屋さん、八百屋さんに配達してもらえるようなエサではないので、コアラを飼育する者が、ユーカリの０から１００まですべての業務に関わる必要があると考えています。これぞ「鹿児島方式」です。

コアラメモ

太枝

畑から太く長い枝を持ち帰って与えると、格別の美味さのようで、一気に食べ始めました。

365日ユーカリ畑へ

毎年春に新しい苗を補植しており、今年は1800本の苗を植えつけました。「毎年、ユーカリの木1万本に対して1割は枯れる」という考えで管理しています。そのため、ここ数年は毎年2000本前後の補植作業をしており、もちろんこの作業も飼育員が行います。植えた苗は3年後に立派なエサとして完成します。

しかし、生育が良いユーカリは、1年後には3mまで伸びるので、支柱で支え、同時に「台切り」という剪定作業が発生します。この「台切り」は、腰高の位置で枝を切り落とし、切ったところからまた新しい芽を吹かせる作業です。台切りは新苗で成長した枝だけでなく、何年にも渡って栽培している木にも同様に行います。毎年3月～7月までに、畑にあるすべての木の台切りを行います。

最初に台切りした枝は、秋になれば早くも3mにまで伸びています。そうした枝を、今度は脚立に上がって先っぽだけ切ります。大体1本の木につき夏までの台切り作業で1回、秋～冬にかけて1～2回。トータルで3回剪定を行います。同時に、ひざ上まで伸びきった雑草も刈らないと作業効率が一気に落ちるので、

コアラメモ

新苗

植える前には草刈りや地面を耕して肥料を撒く等の準備もあり、1日がかりで作業します。

台切りと並行して日々草刈りも行っています。

では、ユーカリの木のどの部分をコアラに与えているのかと言うと、剪定した枝から枯れていない葉、新芽がたくさんついた枝を見分け、先端の1.2mほどを切って持ち帰ります。これが日々の「ユーカリ採取」です。採取した枝以外は、コアラが食べない部分なので全部廃棄します（圃場のそばに置いて自然に分解されるのを待ちます）。これを毎日、午後一から夕方にかけて約100kgほど採取します。夏場は炎天下の作業で毎年ハチにも刺されますが、刺されたら常備している毒の吸引器で、各自で吸えるくらい慣れました（笑）。なので、コアラ飼育員で一番大変な作業を聞かれたら、誰もが「夏場のユーカリ採取」と答えます。

昔はチェンソーで切っていたようですが、切り口が汚くなる上、ダメージを受けて生育が悪くなってしまうので、今はのこぎりで切っています。1本の木が大きくなるよりも、なるべくたくさんの枝が生えた方が採取量も増えるので、うまく芽吹く剪定を心がけていますが、経験を積んでいくと「これ、自分が切ったユーカリ」と、分かるんです。そして、「今年も芽吹いてくれている」、逆に「枯らしてしまった」と、自分の剪定結果が数か月後、1年後に全部結果に出るのです。畑の特性を覚えたり、剪定のコツを身に着けるには、最低3年はかかるかもしれません。

コアラメモ
殺菌保護剤
剪定を行った木は、水分の蒸発や雑菌の侵入から守るために薬品で蓋をします。

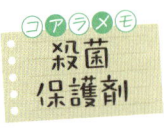

矢印部分が台切りした場所です。新しい芽が複数生えることを期待しながら剪定します。

畑一面雑草だらけです。長いものはひざくらいまで伸びているので、剪定作業をしやすくするために、先に草刈りを行います。

台切り前の状態です。すでに3mは伸びており、剪定しないかぎり伸び続けてしまいます。

オーストラリアの飼育員に褒められた「ユーカリペースト」

平川動物公園では、ユーカリをミキサーにかけてドロドロのペースト状にしたものを、シリンジに入れて毎日コアラたちに与えています。この中にはサプリメントや粉ミルクも入れており、コアラにとっては若干甘いようで、このユーカリペーストをもらえる時間が好きな子も多いです。

なぜこれを始めたかというと、コアラが体調不良でユーカリを食べなくなってしまった場合、薬を塗ったユーカリを食べさせるのは現実的に難しく、粉薬を口に無理やり入れるのもストレスになるからです。試行錯誤の末、病気になってしまった際は、このユーカリペーストに薬を混ぜて飲ませれば抵抗なく飲んでくれます。これは、オーストラリアから来園した飼育員の方から、「うちも真似してみよう」とお褒めの言葉をいただきました。

とはいえ、このおいしさにコアラが依存してしまってはいけないので、1歳半を過ぎた子供は5㎖、成獣のコアラは25㎖、普段から便がゆるいピースは少量、太り気味のつくしはミルク抜き（笑）など、個体に合わせて調整しています。

コアラメモ
ミクロコリス

葉っぱが小さく繊維も残りにくい品種です。1か月分ほど冷凍保存でストックしています。

毎日行っている「コアラのお食事タイム」で、ライトが飲む様子も観察できます。ぜひ見に来てください。

ペースト大好きなヒマワリは、飼育員の手をつかんで飲むことが多いです。

個体ごとに容量や中身が変わるので、シリンジには名前を書いています！

コアラコラム 2

自信に結びついた大寒波

2023年1月末、鹿児島に大寒波が襲来し、これまで育てていたユーカリが、ことごとく一気に枯れてしまいました。「枯れ始めているから、今日採れるだけ採らないとまずい」と判断し、吹雪いている中でも限界まで採取に行きました。そして、2週間ほど乗り切れる量を、バケツの水を交換したりと工夫し、カビが生えないように延命させました。

管理を委託している指宿《いぶすき》、内之浦のユーカリはベストではないが食べられる状態。そして生命線だった種子島のユーカリはほぼ無傷だったので、そこは一安心。「状態が悪いものが多くて申し訳ないけど、味が落ちていても食べてくれ！」と半ば祈るような気持ちで、体重を測

これは2024年の1月24日の様子です。幸い、前年のような影響はなく、安堵しました。

せっかく成長したユーカリに雪が積もってしまうと、すぐに枯れてエサにできなくなります。

おいしそうにユーカリをくわえています。雪の日のユーカリでも、皆食べてくれました。
母
ヒナタ
子
アラタ

って状況を見守る日々が続きました。

30年ぐらいユーカリを栽培してくださっているユーカリ栽培組合の方々も「こんなに木が枯れたのは初めてだ」と口々に言うほど、平川動物公園始まって以来の被害でした。その時は必死で気が気ではありませんでしたが、個体の体重や健康に影響はなく、本当に枯れたような葉っぱでも食べてくれたので、コアラたちには感謝しています。また、ユーカリ採取や管理に日頃から携わっているからこそ乗り越えられたことであり、この経験が大きな自信につながりました。

ゼロ距離コアラ

～ちびっこ編～

生後10か月
アラタ
母
ヒナタ

※ 2024年4月に撮影したものです。

かわいい親子の様子を見られるのはわずか1年。親離れの時期を迎えると、ヒナタがアラタを突き放すことが増えていきます。

生後11か月
ツムギ
母
ユメ

眠っているユメにかまってもらえず、ツムギが頭に乗って邪魔をしています（笑）。ユメは子育てで、若干お疲れ気味です。

1歳8か月
タイヨウ

2歳2か月

誕生日が2月なので、まもなく大人の仲間入り。平川動物公園、期待のオスです！

1歳4か月
アサヒ

親離れして間もない頃です。先住コアラたちにも負けず、うまく生活ができています。

子どもたちの中では一番やんちゃで、優しいノゾムに、よくちょっかいを出しています！

第3章 ようこそ！コアラの赤ちゃん

春と秋は恋の季節、勝負はメスの発情10日間

コアラの性成熟はオスが3歳、メスが2歳前後で迎え、大人の仲間入りとなります。コアラは単独行動をとるため、オスとメスは分けて飼育しますが、メスの発情が顕著に来る春と秋に、オスとペアリング（お見合い）をさせます。

メスの発情を見分ける方法はいくつかあり、

①地面や組木をそわそわ歩く頻度が高い

②普段滅多に出さない鳴き声を発する

③オスのにおいを嗅がせると反応する

④体重の減少

これらにすべて当てはまれば、確実に強い発情が来ているサインになります。

しかし、常にコアラの様子だけを観察しているわけではなく、例えば、朝の掃除の最後にはブラシで地面を均《なら》すのですが、これは①の足跡を見極めるための作業であり、発情があれば歩き回った跡が顕著に残ります。④に関しても、体重測定を週に一度行っています。個体によっては発情の特徴が分かりづらいため、そ

ういった場合にも、他の方法で確信を持てないところを根拠づけるために行っているのです。
　メスの1回の発情期間は約10日。ペアリングをさせて1回で成功すれば良いですが、その日の気分やまわりの環境にも左右されるので、うまくいかなかった場合は、この10日間の間に再挑戦します。発情が続く状況では負担が大きく、早く止めてあげないとどんどん痩せて体力も奪われていくからです。コアラは非常に体重が減りやすく、発情が強いと体重の5％も減ると言われています。この期間内にうまくいかなければ、一旦体重も回復して普段の平穏な日々に戻りますが、発情はだいたい32日周期のため、20日もすれば次の発情がきます。

　昔の話ではありますが、飼育園の都合によりペアリングができない場合は、メスの発情を止める手段として、オスの陰茎の代わりに飼育員の小指を挿入する施設もあったと聞いたことがあります。しかし、発情を止めるには挿入行為だけでなく、精子の中に含まれている成分も関係していると思われるので、やはり個体が健康に生きていく上でも、平川動物公園では発情には逆らわずペアリングさせることを第一に考えます。

コアラメモ
発情確認

㊨臭腺を触った指をメスに嗅がせ、鳴いたり反応すれば発情の証
㊧足跡確認用のブラシ

お見合いは開園前！コアラと飼育員のチームプレイ

今年の春、リオ・ヒマワリ・つくし・カナエ・ピースの5頭に発情傾向が見られました。お見合い相手は年齢的にアーチャー・ライトの2頭だけになるのですが、ライトは血縁の関係上、お見合いできるのがつくしだけになります（ライトとつくしはいとこの関係ではあります）。週に一度の体重測定により、今回はリオ・カナエ・ピースの3頭に体重減少が見られたので、すぐにペアリングをさせる決断をしました。もちろん相手はアーチャーです。

実はこのペアリングは、開園前（朝のエサの交換、掃除の時間帯）に行っています。それは、コアラが朝方と夕方に活動量が多いからです。ペアリングさせる順番も重要で、個体の性格や当日の動きを見極め、今回はピース↓リオ↓カナエの順で行いました。お見合いと言っても2頭を個室に集めるのではなく、メスがいる場所までアーチャーを連れて行きます。すなわち仕切り越しにいる他の個体たちに注目される中で行いますが（笑）、普段から個体が慣れている環境でさせ

コアラメモ

地面歩行

朝から元気に動き回っているオスは「やる気」があり、ペアリングも期待できます！

るのがベストだと考えています。

ペアリングはオスがメスに対してアプローチすることが大前提です。メスが受け入れる時は、すぐに体を上下にピクピクと動かし、OKの合図を出します。そしてオスがメスの背中側にうまく回ることができたら交尾が開始されます。

コアラの交尾は約1分で終了。オスが背中側に回れたとしても、組木の配置や個体の体格差でうまく性器が入らない場合もあります。そういった時は飼育員が素早く手助けしつつ、お尻をおさえる等のサポートに徹します。時には激しく唸るような声をあげたり、背中を噛んだりと、この時ばかりはいつも穏やかに過ごしているコアラでも普段の姿からは豹変します。

逆にペアリングが失敗してしまう時は、どちらかの気分が完全に乗らない場合です。オスがメス部屋のエサを食べ始めてしまうなんてこともあります（笑）。しかしお見合いをさせてすぐ成功・失敗が決まるわけではなく「もうすぐスイッチ入りそう」、「今日はもうダメか」を10分くらいかけて見極めます。つまりアーチャーは、今回3頭を相手に計30分も頑張ってくれたことになります。これまでに5頭の子供を残していて、アーチャーこそ平川を支えるビッグファーザーです。

コアラメモ

アプローチ

お見合い開始の状況です。オスがメスへグイグイ迫って行くことが必須条件です！

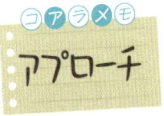

【1頭目：アーチャー♂×ピース♀】
ツンデレ系な性格のピースは、体の上下運動で受け入れ態勢を示すものの、アーチャーのアプローチからは逃げ続けタイムアウト。

【2頭目：アーチャー♂×リオ♀】
拒否反応はないものの、そういう気分ではなかった様子のリオ。アーチャーもピースで体力を使ってしまったせいか、2頭ともまったりモードに。

ペアリングに成功したかどうかを見極めるには、オスの性器が入っていれば交尾自体はうまくいったことになりますが、最終的には射精の確認が必須になります。射精後にペニスの先が二股に分かれ、精液がゼリー状に固まっているかどうかで確認します。ゼリー状に固まった精液を「膣栓《ちつせん》」と言います。もうひとつの方法としては、メスの膣を綿棒で少し拭い、顕微鏡で精子の有無を確認します。

また、コアラは個体によって性格がさまざまなので、メスに対して有無を言わせずガツガツいける個体もいれば、アーチャーのように人目を気にする個体もいます。アーチャーはメスから迫られると引いてしまうし、「これ、いっても大丈夫なの?」と、チラチラ飼育員を見てくるので、スイッチが入ってアーチャーのペースでいけるまでは、飼育員もあまり視界に入らないようにして見守ります。

ペアリングは、うまくいく日もあればいかない日もあり、どちらかというと失敗の方が多いかもしれません。でも、そんな挑戦のくり返しです。しかし、発情期間の10日間は山のような変化があるので、これから頂点を迎えると思えば、チャンスはまだあります。そして前述のとおり、発情を止めないとどんどん痩せてしまうので、ペアリングは数日後に再度行います。

コアラメモ

発情行動

まだ子供のオスに関心が出るのも、個体により発情行動のひとつと考えることもあります。

【3頭目：アーチャー♂×カナエ♀】
飼育員がお尻を支えてサポートします。スイッチが入ると、普段温厚なアーチャーも、腕に噛みつくくらい豹変します。

すぐに膣栓の確認をして、射精ができていたかを確かめます。今回、カナエとのペアリングは成功したと思いましたが、翌月には発情が戻り、妊娠していなかったと判断しました。

では、いつ再度ペアリングを行うかというと、プロ野球のピッチャーと同じで、中3日で登板させるのか、中4日が良いのかは悩みますし、オスの動きが良ければ2日連続でさせることもあります。しかし、オスはメスにアプローチしなければならない上、他のオスに対して排除行動をとる必要があるので、想像以上にストレスがかかっているはずだと思います。ですから、あまり負担をかけたくはないけれど、多少は頑張ってもらいたい、というのも本音です……。

まだ2歳で子供（思春期のような年齢）ですが、ノゾム・タイヨウの2頭は、すでに毎日のようにテリトリーコールを発しています。自分の縄張りを主張し、メスのにおいがついた飼育員がそばに行けば、においを嗅いだり、地面を行ったり来たり動き回って、長靴に噛みつくことなんかもあります。あと半年、1年もたてば立派な大人のオスに成長するので、2頭のこれからが大変待ち遠しいです。

また、ライトはアーチャーと真逆で、アプローチが早く、つくしとは大変相性が良いです。ペアリングさせた瞬間にすぐ、ライトがつくしの背中側にまわって交尾が開始されるなんてこともあるのです（下の写真参照）。

コアラメモ

ライト♂×つくし♀

体格や相性、組木の配置等がすべてうまくいくと、手助け不要でペアリングが行えます。

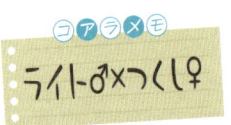

時には、飼育員二人がかりでサポートに入ることもあり、これもタイミングが重要！

奇声を上げるので、となりの部屋のコアラたちも気になって、様子をうかがっています。

アーチャーのスイッチが入るまで、２頭だけの空間を作って静かに見守ります……。

触らない、干渉しない、飼育員が立ち会わないコアラの出産

コアラはペアリングから約35日後が出産日の目安であり、僕は5年間コアラ飼育員をしている中で、一度だけコアラの出産に立ち会ったことがあります（落合飼育員）。立ち会ったと言っても、運よく出産直後のコアラに遭遇したのです。キボウ（子はノゾム）の初出産だったのですが、ちょうどユーカリ採取から帰園した16時21分、キボウの異変を感じました。要するに、お客様もいる開園中に産んでいたことになります。

その時、キボウはユーカリの中ではなく、普段いないような横の組木におり、耳をパタパタさせながらイキんでいるような仕草に見えたので「これ、産んだのか⁉」と慌てました。案の定、お尻は赤く濡れ、組木も破水で濡れている。おしっこで濡れたのであればにおいで分かるので、出産したんだなと。コアラの赤ちゃんは体長1〜2㎝、体重0.5〜1.0gほどで、赤いジェリービーンズのような姿をしており、コアラの面影は影も形もありません。目は見えませんが生まれつき備

コアラメモ
出産

キボウがノゾムを産む瞬間、木のてっぺんでイキんでおり、破水で濡れた様子も分かります。

わっている嗅覚と触覚を頼りに、総排泄腔《そうはいせつこう》（尿道と肛門、生殖器が合わさった部分！）から約10～20分かけて自力で母親の袋（育児のう）の中へ向かって行きます。キボウはまだその時ピクピク動いており、まさに母も子も頑張っている最中だったのでしょう。袋に辿り着いた子は、二つあるうちどちらか一つの乳頭に吸いつき、そのまま袋の中で半年間過ごします。乳頭は丸くなって口から抜けにくくなっています。

お気づきかと思いますが、平川動物公園では飼育員がコアラの出産に立ち会うことはありません。「慣れているいつもの環境が一番」というスタンスです。出産前にバックヤードへ移せば、そこで新たな環境に慣れることに時間がかかります。出産日が予想できるので気にはかけますが、飼育員の接触で流産してしまう可能性も無きにしもあらず。だから一切、干渉しません。また、出産痕を確認してもすぐに何かをするわけではなく、最低1か月ほど空けてから袋を瞬間的に開きます。「よし、産んだ」と1円玉サイズの個体の確認ができたら、週に一度の体重測定や3か月に一度の血液検査も中止し、見守る飼育方法に切り替え、やはり接触は必要最低限。できるだけ母親にストレスがかからないよう、子の成長を見守っていきます。

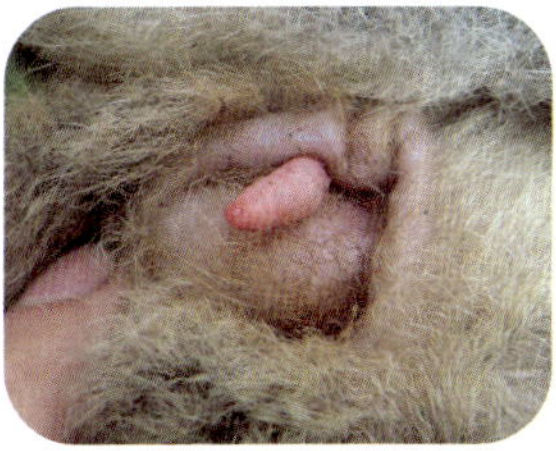

コアラメモ

乳頭

乳頭に吸いつくと口から抜けにくくなっており、生まれた子は4か月ほどくわえたまま育ちます。

コアラの赤ちゃん誕生

コアラには「生まれた日」のほかに、袋から出た「出袋日《しゅったいび》」があります。生後2〜3か月すると育児のうの中で動いているのが分かるようになり、4〜5か月で袋は大きく膨れ、おさまりきらない手足がはみ出ていることもあります。そして、生後6か月では体の大半が袋から出てくるのですが、赤ちゃんの全身が育児のうから出たことを飼育員が確認した日を「出袋日」として、動物園の台帳に記録します。ほんの一瞬、子供のお尻を持ち上げ、そこで性別も確認します。

出袋した赤ちゃんは「出てしまった！」という様子で、見慣れない光景にあたふたしていることが多いです。エサ筒に座っているお母さんのお腹側にちょこんといるのですが、飼育員が近づくと「誰だ⁉」と驚き、すぐ袋の中に入ろうとします。出袋しても1か月くらいはそんなことをくり返していますね。

また、この頃の赤ちゃんのエサはお母さんのうんちで、これを「パップ」と言います。子育て中のお母さんのうんちには、ユーカリの葉っぱを消化するために欠かせない腸内細菌が含まれており、赤ちゃんはこのパップを食べることにより、ユーカリを消化吸収することができるようになるのです。メスの袋の口は下向き

コアラメモ

パップ顔

出袋前は顔だけ出して母親のうんち（パップ）を食べます。顔中うんちまみれになります！

出袋直前

育児のうの中の子は生後５か月半。まもなく出袋する成長した子供でパンパンです。

生後４か月

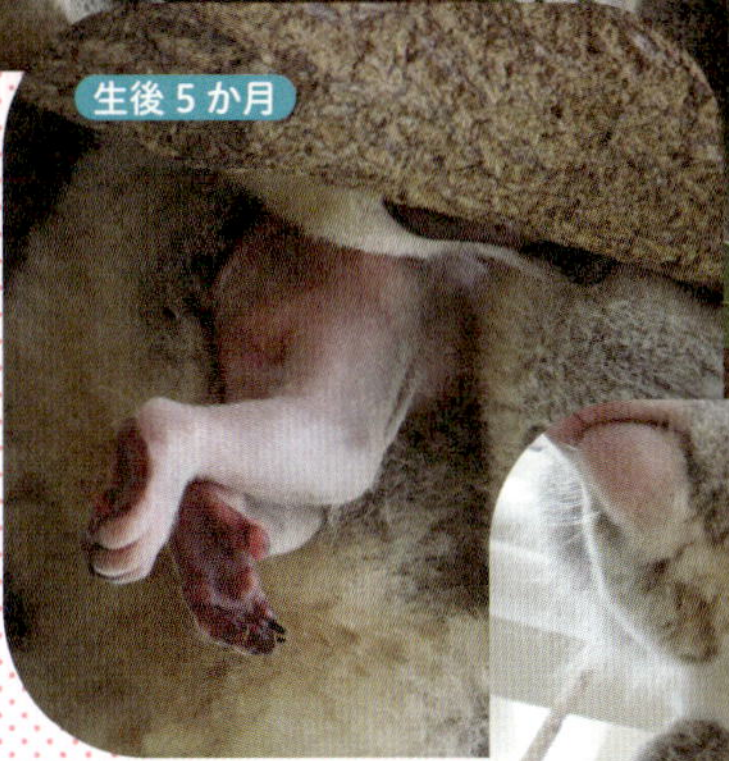

生後５か月

この頃は、まだ毛が生えそろっておらず皮膚も赤い状態ですが、体の成長は早いです。

出袋直後

出袋してすぐは、母親のお腹側につかまって移動し、１か月も経てば背中に乗り始めます。

で（第3章の扉写真参照）、かつ総排泄腔の近くにあります。ですから、子は袋の中から顔だけ出してパップを食べることができます。もちろん、うんちを食べるので顔は真っ黒です（笑）。

生後7か月くらいでユーカリに興味を持ち始めた頃、袋の中に入る回数が少なくなり、母親のお腹や背中にしがみついている姿も観察できます。8か月になると徐々に母親の横で一緒にエサを食べ、9か月の後半くらいからは「あれ？　お母さんの機嫌悪い？」という雰囲気になってきます。10か月を過ぎると母親の発情が戻ってくる兆候があり、子供も1頭で行動する時間が増えてきます。背中に子供を乗せながら、発情行動でそわそわ歩き回っている母親の姿も見られます。

育児期間に注視する点は「出袋後も授乳をちゃんとしているか」です。子供が母親の袋の方へ頭を突っ込んでいる体勢は授乳中の姿です。おっぱいを吸う音もたまに聞こえるんです。しっかりユーカリを食べ、母親に授乳もしてもらい、生後7か月くらいから行われる体重測定で毎週100gずつ増えていれば安心です。逆に、母親は子育てに疲弊してくるので、疲れていそうであればユーカリペーストの量を増やす等でケアしていきます。子供といえど握力は強いので、母親の毛並みが薄くなることもあります。親子共々健康に過ごすためにはまず、食べることが一番なので、日々のユーカリ採取にも力が入ります。

コアラメモ

育児中

甘えたがる子が母親の毛を引っ張り、抜けてしまったり、薄くなることがあります。

生後７か月頃の様子です。
まだパップを食べていますが、
徐々に袋から出て背中側に乗
って母親と行動しています。

1歳で親離れ、母は次の繁殖へ

コアラの子育て期間は約1年。子供はとことん甘えたいので、いつまでも母親のそばにおり、ミルクも欲しがります。しかし子供が1歳になる頃には、母親の発情が戻り始め、子供が邪魔で噛んだり叩いたりして、独立をうながす頻度が増えてきます。それはコアラが野生下では単独で生活し縄張りを持つため、我が子であっても存在が邪魔になってくるからです。自分の遺伝子を残すことに全力を注いでおり、子供にとっては可哀そうにも見えますが、親離れをする時期を迎えることになります。

とはいえ「はい、今日でお別れ！」ではありません。平川動物公園では日中数時間だけ引き離し、子供を他のコアラが生活する部屋に入れて個体間の相性をチェックし、夜はまた母親の元へ戻す練習を大体2週間ほどくり返します。

今年の頭に親離れをしたアサヒ（母・ヒマワリ）は、さすがに訓練の最初の頃は「お母さんどこ？」という様子でキャッキャッと鳴いていていました。散々叩いて拒否していたヒマワリも「あれ？　どこ行った？」と、アサヒの鳴き声に反応し

コアラメモ
親離れ時期

子は1歳になっても隙があればおっぱいを欲しがります。母親とずっと一緒にいたいのです。

ていました。しかし、何回かくり返していくうちに、子供は寂しいながらも諦めていくといった様子ですが、母親の方は忘れたかのようにケロッとしていきます。

この頃、オス部屋で同居練習を始めたばかりの子供のオスには母親のにおいがついているので、先住のオスたちは「メスのにおいがする！」と興味津々で手を出したり、追いかけ回したりします。そういったことを見越して、エサ筒を増やしたり、新たな組木で逃げ場を作ったりと、より一層ケアが必要となります。

ですが、子供のうちからのオスの複数頭飼いはここ数年成功しており、今後この飼い方は新しく定着させていくかもしれません。オーストラリアでは１００頭以上ものコアラを飼育する動物園もあり、複数頭飼いは当たり前です。３歳にもなれば大人の仲間入りなので１頭飼いにしますが、今同居しているノゾム・タイヨウ・アサヒは年齢順で言えばノゾムが年長であるものの、タイヨウの方が性格的にガツガツしているので、相性によってはタイヨウを先に子供部屋から出す考えもあります。

メスの子供に関しては、あまりに授乳期間が長いと母親が疲弊してしまうので、その場合は子供を移動させますが、うまく乳離れできれば、そのまま母親と同居させていくことも可能です。

コアラメモ

子供部屋

性格が真逆な㊧ノゾム、㊨タイヨウですが、近づいてもケンカはせずに過ごせています。

コアラコラム 3

コアラが好きなユーカリの品種

　前述のとおり平川動物公園では、現在13種類のユーカリを栽培しており、品種ごとに味や香り、コアラからの人気もそれぞれです。中でも一番人気なのは「プンクタータ」。この品種はどのコアラからも大人気です。しかし、プンクタータは剪定によるダメージを非常に受けやすい上、寒さには強いですが夏の暑さには弱い木です。ユーカリ管理担当いわく「拗ねる木」とのことで（笑）、ちょっとでも扱いを悪くすれば、拗ねて、そのままズルズルと枯れてしまうような品種です。

　そして、コアラ飼育員に代々引き継がれている知恵もあります。園内の一部の場所に植えている数本の「テレチコルニス」は、コアラの体調が悪い時に与えると、絶対に食べてくれると言われています。なので、具合が悪い、食欲がない個体がいた場合は、ここのテレチコルニスを採取して与えるようにしています。イベント広場にある花壇にも7種類のユーカ

夕方前にはユーカリポットに水やりをして、翌朝までできるだけ鮮度を保たせます。
カナエ
HIRAKAWA ZOO
STAFF

よく見ると左の方に！ コアラは
高いところでも問題ないので、
どんどん上っていきます。
ライト

りを植えていますので、ぜひ見比べてみてください。

また、普段お客様が入ることができないバックヤードにも、ユーカリの木を植えています。ここには、毛並みが悪くなった個体や、幼い個体を連れてくることがあります。どれ程の効果があるかわからないですが、15分ほどここで日光浴をさせたりします。急に居場所が変わるので基本、緊張しているのですが（笑）。

暖かい季節は、このように
日光浴をさせます。ちなみに
コアラ館は25度の温度設定です。
ライト

ゼロ距離コアラ

～体重測定編～

母
ヒナタ
子
アラタ
ママの測定中も離れません！
6.56

子が出袋し、半月くらい経ってから測定を開始します。まだ母親からは離せないので、子も乗せたまま母親の計測をします。

628

後７か月半

コアラ丼測定

858

生後８か月

コアラボウル測定

1.68

生後９か月半

ひとり測定デビュー

子の計測になると「連れて行かれてしまった」と、
心配そうに母親は追いかけてきます。

週に一度の計測では、前の週からどれくらい増
減があるかすべて記録に残しています。

第4章

気づいた時には体調不良!?

繊細すぎるコアラの健康管理

　ほとんど寝て動かず、毛で覆われているコアラは、外見での健康状態の判断が非常に難しく、昨日まで元気だったのに、今日はいきなり病気になってしまう……なんてことも少なくありません。普段と同じ行動をしているのに、実は体の中ではガンが進行していたこともあります。やはり野生動物である以上、ギリギリまで自分の体調不良を隠そうとします。「体調不良がバレたら敵に殺《や》られる」という考えで生きているでしょうから、一切、そんな気配は感じさせません。ユーカリペーストへの反応や、日々の採食量でどこまで気づいてあげられるかを考えると、コアラは体調不良の発見が難しい部類に入るでしょう。だからこそ、毎日健康で長生きしてもらうためにも、日頃から体調管理には細かく気を配るようにしています。

　健康管理のために行うことの一つ目は「採食確認」です。エサを食べていることも大事ですが、エサ筒を設置した際に、いつも真っ先に反応を示す個体の動きが鈍いようであれば気にかけます。もちろん、その時の気分かもしれないので、一度目は様子見しますが、再度与えた時にも無反応であれば、ユーカリペーストをあげる際にも気にかけるようにします。エサはユーカリだけですが、まれに砂や水を飲んでミネラル補給をすることもあり、鼻に砂がついている個体がいれば、そういったことも覚えておくようにします。

二つ目は「うんちチェック」です。毎朝掃除をしつつ、個体の状態確認に合わせ、落ちているうんちの状態も確認します。ベチャッとしたうんちがあった場合、コアラのお尻を見ればどの子か分かるので、あまりにもひどい時には整腸剤をユーカリペーストに混ぜて飲ませます。とはいえ人間同様、元から軟便気味の個体もいるので、その子の特徴をつかむことが大事です。

三つ目は「ボディチェック」です。午後一、ユーカリ採取へ行く前にも個体の状態を確認してから向かい、戻り次第すぐユーカリペーストを与えます。ペーストをあげる際は、しこりやケガなどがないか、合わせてボディチェックをします。特にコアラはリンパ腫になりやすいため、脇の下、鼠径部、下あご付近は念入りに、お腹が張っていないかも確認し、ペーストの食べ方もチェックします。口内炎などがあると片側の歯だけで噛むこともあります。コアラのストレスになるので接触は最小限にしていますが、皆が好きなペーストをあげるタイミングだと触れても嫌がらないので、触診はここで行っています。

コアラメモ

うんちチェック

ほのかにユーカリの香りがして臭くありません。親子ではうんちも「親子サイズ」です。

軟便で脱水症状を起こしたリオは、一時期バックヤードで皮下点滴を打って過ごしていました。今は復活し、とても元気です！

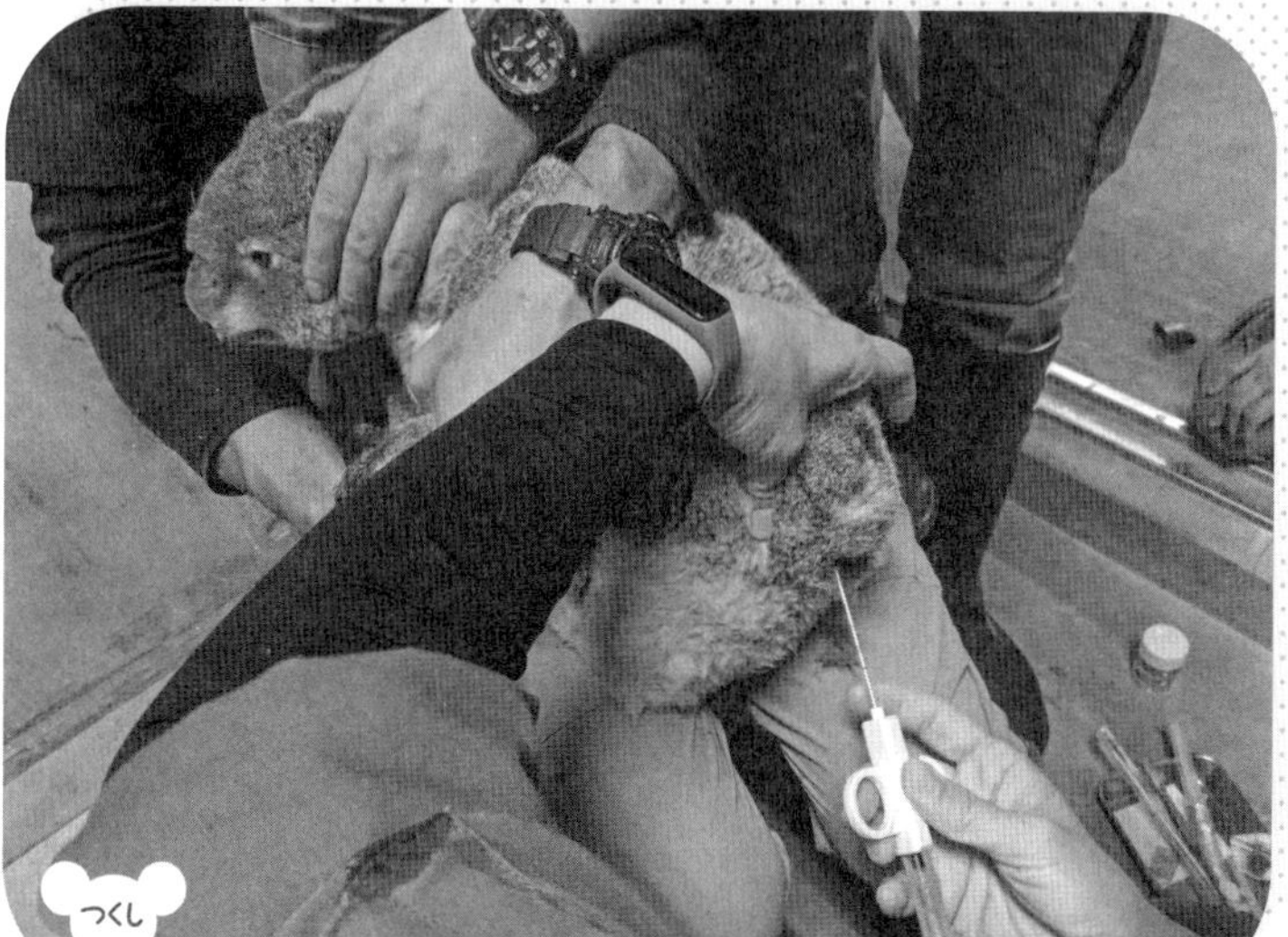

触診で臀部にしこりを見つけたつくしは、獣医師が組織を採って検査しましたが、良性の脂肪腫で経過観察となりました。

四つ目は、週に一度の「体重測定」です。これが大きな目安となります。メスの場合、体重が減っていれば発情が来ているサイン、出産前の測定では、本当に妊娠をしているかの判断材料になります。生後数か月の子の場合は、週に100〜200g増えるので、逆にこれが減っていたら大ピンチです。ご飯を食べておらず病気にかかっている可能性が濃厚で、すぐに薬の処方や治療を考えなければなりません。

最後は3か月に1回行う「獣医師による健康診断」です。呼吸数、心拍数、口の中の血流チェック、歯の摩耗の確認、触診などをより精密に行い、採血もします。人間同様、コアラでも採血が苦手な子もいれば、じーっと耐えられる子もいます。ちなみに、第4章の扉を飾ったヒマワリは採血が苦手で、一度暴れ出したら収拾がつきません。そうならないためにも、コアラに負担がかからないよう、前後の脚を合わせ、飼育員のひざの上で安定させて素早く処置します。

こういう健康診断からも意外な発見があり、例えばピースは若干歯並びが悪いようで、噛み合わせがよくなく、よだれを出すことがあります。咀嚼がうまくできないと口内炎になる可能性もあるので要注意です。また、ライトは目ヤニが出やすいようです。繊細なコアラのケアを、日々とてもていねいに行っています。

コアラメモ

リンパ腫

体表リンパ節にしこりがあればすぐに分かるので、毎日しっかり触診します。

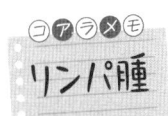

コアラ飼育員のお部屋事情

コアラに限らずではありますが「動物による菌を持ち出さない・持ち込まない」が、飼育員の基本ルールです。そのため、コアラ以外の動物や他飼育員との接触を避けるためにも、朝の着替えの段階から、園全体の事務所ではなく、コアラ飼育員専用の事務所で着替えることを徹底しています。以前、他の飼育動物の応援で、朝一だけ別の動物に触れる機会がありましたが、その日はリスクを考え、コアラの世話には一切関わりませんでした。

そこまでやらないケースでも、もし何かで制服着用時に他の動物と接触があった場合は、事務所の外で脱ぎ、消毒液が入っている液体に浸けてから洗濯機に入れます。制服を家に持ち帰って洗濯することは「菌を持ち出す」可能性があるのでありえません。もちろん事務所外での勤務中に履いている長靴も室内には入れず、外履き・室内履きと分け、出入りする度ごとの消毒は必須です。

また、ユーカリ採取で汗や汚れがついた場合も、畑から戻って新しい制服に着替えてからでないとコアラのもとへは行きません。夏場は1日に2回着替えるな

コアラメモ

コアラ飼育員事務所

事務所の一部です。毎日洗濯するので、3人分の制服だけでもこんなにたくさんあります。

んてこともあります。もっと言えば（これは必ずではありませんが）、お風呂にも園内で入ってから帰宅することが望ましいと言われています。

そして、制服だけでなく道具も一緒です。自分たちはコアラと日常的に接触しているため免疫がついているかもしれませんが、もしあるコアラが病気を持っており、それに気づかず管理していたとすれば、他のコアラや飼育員を感染させてしまう恐れがあります。感染を未然に防ぐためにも、施設ごとに清掃道具を分けています。ここまで「感染」に対して敏感になるのは、2年前に感染症でコアラたちを立て続けに亡くしてしまったからです。二度と同じことが起きないよう、今は予防のために、コアラ館の手すりや、組木まで消毒を毎朝欠かさずに行っています。

獣医師による健康診断でも、できるだけ他の動物を診る前にコアラを一番に診察してもらえるようお願いししています。これはコアラが他の動物のにおいに敏感だからという理由もありますが、やはり他動物からの菌の混入・感染を防ぐためでもあります。二度と同じ過ちをくり返さないよう、すべての作業がコアラ館内で完結するようにしているのです。

コアラメモ

ペースト作り

事務所内にキッチンがあり、ここでコアラに与えるユーカリペーストを作っています。

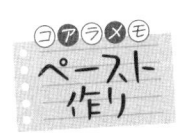

毎朝、館内の消毒を行います。この消毒剤は人間、コアラ、植物にかかっても大丈夫なもので、食品添加物などにも使われています。

開園前にはお客様が触れる手すりなどもしっかり除菌して、いつでもきれいで快適なコアラ館を保っています。

別れの直前まで幸せに過ごしてもらうために

コアラの病気は、ある日突然発症することも少なくありません。リンパ腫と判明した場合は種類にもよりますが、早ければ2週間ともたずに看取りの時が来ることもあります。

平川動物公園では、昔からコアラの最期を必ず看取るようにしています。朝出社して、死んでいた……というのは、絶対に避けたいからです。だからこそ、具合が悪くなってしまった個体には、つきっきりでケアをします。病気でないとしても老衰で四肢が動かなくなったり、歩き方が苦しそうになってきたりしたら、日光浴をさせたり、お尻を支えながら歩かせたり、排尿の世話もします。「ハンドフィーディング」といって、朝・昼・夕に1時間くらいずつかけて、直接手渡しでご飯を与えたりと、最期まで幸せに過ごしてもらいたいと思っています。

「今日が山かな」という日には、苦痛をできる限り和らげてあげることくらいしか、してあげられることはありません。普段より遅めに帰宅し、風呂に入って夕飯を済ませたのちに園に戻って様子を確認。その後も、夜中、明け方と再度確認

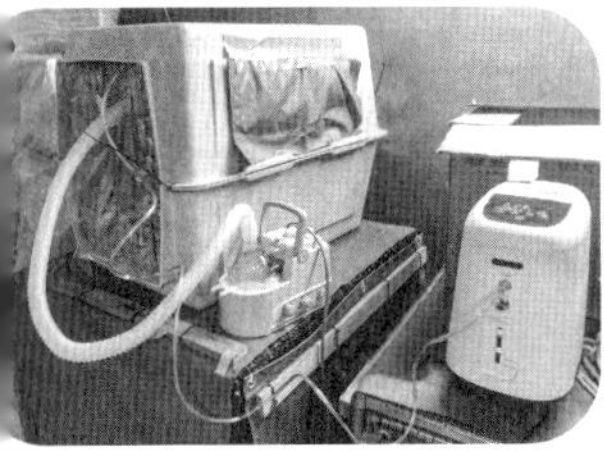

コアラメモ

隔離室

病気の個体をつきっきりで看病できるよう、事務所内にも飼育室、簡易酸素室があります。

し「まだ出勤までは大丈夫だな」と判断して……。こういうことのくり返しになります。最期の瞬間までできる限り寄り添い、看取りの時を迎えます。

その後は、残念ながら悲しむ暇はありません。看取ったコアラは、これからを生きるコアラたちが少しでも長く、健康で生きられるために解剖し、その場には飼育員も立ち会います。言い方は悪いかもしれませんが「亡くなった原因を探るための答え合わせ」です。飼育している動物が亡くなった時、動物園が「死因不明」と発表することがありますが、発表の時点では本当に死因がわかっていないことも実際に多くあります。ですが、時間がかかったとしても、最終的な死因の結論は必ず出しています。

また、解剖だけでは判断できないことも多く、その場合は病理検査にも出します。基本的にすべての結果を知らないことには次に活かせないので、これは「次につなげるため」の解剖であり検査なのです。そして、別れの後のこうしたことも、飼育員の大切な仕事のひとつです。死因がわかれば、飼育のやり方、治療の考え方を見直す機会にもなります。北海道大学や、宮崎大学の皆さんの協力のもと、解剖・病理検査を行います。遺体は博物館へ寄贈することもあります。骨格標本にされるなど、コアラを知っていただく機会にもなりますので、協力していきたい考えです。

コアラメモ
コアラ専用ミルク
目下使う機会はありませんが、母親が亡くなった子、育児放棄された子に飲ませる用です。

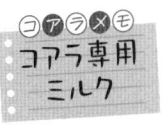

コアラコラム 4

まだまだ知りたい！すごい！コアラの「耳」

コアラといえば大きな耳。この耳は遠くの音を聞き取れるだけでなく、感情を表現することもできます。時折パタパタ前後に動かしている様子を見ることができますが、これは、コアラが怒ったりイライラしている時の仕草です。母親が子供へ授乳している際に一番よく見られ「咬むなー、痛い！早く飲み終われー」と思っているのでしょう。他にも、休んでいる時に別のコアラに邪魔されそうになると、耳をパタつかせながらキャッキャと鳴きます。この鳴き声を平川動物公園独自の呼び方で、「拒声《きょせい》」と言っています。コアラは、適度な距離感を保って生活をしているので「こっちに来るなー」と、怒り顔で反撃しているところだと考えられます。

エサ筒を設置する際には必ず「〇〇お待たせー」と、名前を呼んだり、声かけすることを意識しています（村上飼育員）。耳がいいコアラたちですが、自分の名前は認識していないと思われます。しかし、この声によって、友好的な関係を築く必要があると考えています。一般的に飼育員は動物たちに大好物のエサを与えるので、友好的な関係にはなりやすいのです。ですが、コアラの場合、常にユーカリがある状態なので、そんなに飼育員に寄っ

飼育員が入ってきても
逃げたりせず、むしろ新しい
エサに喜んで近づいてきます。
アサヒ

近づこうとするインディコに
お怒りの様子のつくし。
エサの取り合いでも
鳴いたりします。
つくし
インディコ

てくるわけではありません。行動分析学で言うと「好《こう》子《し》」と「嫌子《けんし》」という言葉があり、飼育員は「好子」でないといけません。近づいても逃げられるようではよくない。信頼とまでは言いませんが、飼育員がそばに来ても、コアラにとって存在が気にならない関係性であるべきだと考えます。だから、自分の声かけが、「大好きなペーストがもらえる時間」などとして関連づいたらいいなと思って、声をかけるようにしています。

ピース
基本、なでられると喜びます。
特に耳の裏を触ると
気持ちよさそうな反応を示します。

第5章

コアラたちに会いに行こう！

平川動物公園のコアラ40年の歴史

コアラが日本に来るきっかけを作ったのは、1975年に発足した「コアラを鹿児島に連れてくる会」という、市民グループでの誘致活動でした。会の発足からコアラが日本に来るまで約9年。この間は、エサとなるユーカリの安定的な確保のため、1977年にオーストラリアよりいただいた、4種類のユーカリの種子を育てるところから始めました。同時に、オーストラリア政府との協議、獣医師や飼育技師の現地でのコアラ飼育研修、平川動物公園のコアラ館の建設も行う中、徐々にユーカリ畑の植栽面積も広がり、1984年2月、とうとう鹿児島のユーカリをオーストラリアのコアラたちが食べてく

コアラが来るまで年表

1975. 5	「コアラを鹿児島に連れてくる会」発足
1977. 12. 20	オーストラリア・パース市よりユーカリの種子（4種類）をいただき鹿児島県林業試験場で育て始める
1978. 10. 6	種子から育てられたユーカリの苗4000本を園内に植栽
1980. 9. 10	オーストラリア政府が47年ぶりにコアラの輸出禁止を解除
1980. 9. 12	オーストラリア大使館にコアラ輸出を要請
1984. 2. 15	鹿児島のユーカリをオーストラリアへ空輸、4月中旬までに5回送りローンパインコアラ保護区のコアラが食す
1984. 4. 10	オーストラリア政府より平川動物公園（鹿児島県）・多摩動物公園（東京都）・東山動植物園（愛知県）の3園に、コアラを贈ると発表
1984. 8. 20	コアラ館完成
1984. 10. 25	コアラ来園（オス2頭）
1985. 5. 14	コアラ来園（メス4頭）
1986. 5. 16	初の2世コアラ誕生

れたことから、同年の10月25日、ついにコアラの来日が叶いました。

そして、１９８６年5月16日、オーストラリアから来園したクイーンズランドコアラが、国内で初めて繁殖に成功し、公益社団法人日本動物園水族館協会の繁殖賞を受賞しました。

他にも２００２年には、平川動物公園で飼育しているオス２頭を、アメリカのリバーバンクス動植物園に寄贈し、国際親善に大いに貢献した歴史もあります。

初めてコアラが日本に来て、今年で40年。オス２頭、メス４頭の飼育から始まった平川動物公園のコアラ飼育は、今年も5月、6月と立て続けにオスの子が出袋し、この40年の歴史の間に１０５頭の飼育を成功させました。

さらに、コアラのことをより知ってもらうために、公益社団法人日本動物園水族館協会生物多様性委員会は、コアラが初来日した10月25日を「コアラの日」に制定しました。この日にはコアラを飼育している全国七つの飼育園で、絶滅危惧種である、オーストラリアのコアラの現状や生態について啓発活動を行っていきます。

コアラメモ

アーチャー♂

(オーストラリア生まれ)

優しい、温厚、5頭の父！　ペーストはちょっと苦手で、いつも渋々飲んでいます(笑)。

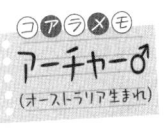

教えて！　コアラ飼育員あるある

落合飼育員に聞きました！

Q．コアラ飼育員あるあるを教えて！

プライベートで車移動している時、やっぱりユーカリの木が目につきます。「今度、切らせてもらいたい！」、「これは、悪いユーカリを植えている」と、すぐ気になり、ホームセンターでもユーカリが売っていたら、値段と品質を確認してしまいます（笑）。実は自宅でも「アンプリフォリア」という品種のユーカリを栽培しており、今はコアラたちのエサになっています。

加えて、毎年のようにハチに刺されます。初年度3回、2年目6回、3年目7回、4年目3回、5年目の今年は、今現在4回。おかげでハチの恐怖に耐性ができたので、ハチの巣を見つけたらビニール袋とカッパを着て、自分で取れるようになりました。業者に依頼すると数万円はかかりますので（笑）。

Q．コアラって性格があるの？

人間同様、コアラにも性格や、個性があります。ですが、生まれたばかりの子

コアラメモ
ライト♂
父バンブラ　母イト

将来のコアラ界を背負って立つボス！　イベント番長！　困った時に、頼れるオスです！

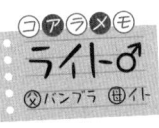

は、1年くらい経たないと性格が見えてこないので、チャーボウ、スターはこれからわかります。同居させる時も性格を見極めてから、同居の練習を始めます。

Q. コアラ飼育員の三種の神器は？

「のこぎり」、「剪定ばさみ」、「脚立」の三つ。すべてユーカリ採取に関わるものです。第2章でもお話しした通り、台切りの時に使う「のこぎり」、コアラのエサとなる枝を剪定するときに使う「剪定ばさみ」、3mまで伸びた枝の先だけを切りたい時に使う「脚立」です。

Q. 閉館後、夜中のコアラ館は真っ暗？

コアラ館は、電灯をすべて消しているので真っ暗です。しかし、コアラは暗闇でも光の感受性が人間よりも高いので、まったく問題ありません。ただ、アクティブに動くわけではなく、エサを食べる、ちょっとした移動をする、くらいです。ちなみにおしっこをする時は、地面に下りてすることが多いです。コアラには総《そう》排泄腔《はいせつこう》という部分（69ページ参照）があるので、メスはおしっこもうんちも赤ちゃんも（！）同じ場所から出てくるのです。

コアラメモ

ハゾム♂

父ブンダ　母キボウ

同居のちびっこチームの優しくて頼れるリーダー！　今後、イベントにも登場する予定です。

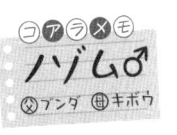

国内7園で100頭を目指す

動物園には「動物を守り、育て、増やす」、種の保存の役割があります。

そのためにも、動物園同士が協力し合い、繁殖を目的とした個体の貸し借りを行います。これを「ブリーディングローン」と言います。同じ動物園内だけで繁殖を進めると、近親交配による弊害が懸念されます。個体を他の飼育園へ移動させることにより、血統更新を図るのが、ブリーディングローンの目的です。平川動物公園では現在6頭のコアラを、ブリーディングローンとして貸し出しており、中にはたくさんの繁殖に貢献している個体もいます。

このブリーディングローンによって生まれた第一子の所有権は平川動物公園、第二子が相手側の園と、原則としての決まりはあるのですが、その時の飼育園の状況により、所有権が変わることもあります。東山動植物園から来園したインディコ・つくしも、このブリーディングローンにより貸し出したイシン（♂）の第一子と第三子になります。

コアラメモ

タイヨウ♂

父タイチ 母インディコ

我が道を行く「遠慮を知らないやんちゃボーイ」。ますます強いオスになっていくでしょう！

国内でコアラを飼う七つの飼育園では、将来的に「100頭のコアラを飼う」という目標があります（2024年9月3日現在で53頭）。何かあったとしても、この100頭でペアリングに取り組めば、遺伝的な多様性を維持しつつ、個体数を確保できるという考えです。今まさに、その目標へ向けて、各飼育園がやれる範囲での繁殖を進めています。

　そのためには、メスは可能な限り4歳までにペアリングをさせると、後の子育てがうまくいく、という基準を持っています。もちろん10歳でも子供を産みますが、2〜4歳で繁殖経験がない子がいれば、平川動物公園ではその個体を優先させます。兄妹・親子での交配は問題があると言われていますが、いとこの関係であれば迷わずにペアリングさせます。ただ、各飼育園が自由に繁殖させて頭数を増やすのではなく、毎年の繁殖割り当て頭数が決められています。平川動物公園は、2023年度は4頭の割り当てがありました。4頭の子供の繁殖に成功すれば、国内の他の飼育園で何かあった際にも、繁殖が期待できる個体をブリーディングローンで貸し出すなどのフォローができるという考えからです。しかし、これはあくまでも目標であり、守らないといけないわけではありません。逆に面倒を見られる範囲で5頭、6頭と繁殖させることもあります。それは、生まれる子

コアラメモ
アサヒ♂
父アーチャー　母ヒマワリ

クールな目元の印象とは裏腹に、とにかくユーカリ食べるぞ！　ユーカリ大好きっ子です。

実際に、アーチャーを連れて帰る時に使った「輸送箱」です。観覧通路に置いてあるので、ぜひ見てみてください！

アーチャーをオーストラリアから迎えた時のことや、コアラの生態など、館内にはコアラのことを知れる掲示がたくさんあります！

もいれば、亡くなってしまう子も毎年いるからです。

平川動物公園の現在の施設の大きさ、ユーカリの状況からすると20頭は確実に飼育できるキャパシティがあります。だからこそ、目一杯やれるだけの繁殖活動を行い、20頭に達してから、次にどうするかを検討したい考えです。

前述のとおり、2年前に感染症で4頭のコアラを立て続けに亡くしました。その年、飼育頭数は20頭でしたが、今現在は18頭で、まだその目標頭数に戻せていません。他にも老衰、悪性腫瘍、白血病、糖尿病など、さまざまな理由で急な死を遂げます。生まれる個体がいても亡くな

コアラメモ
アラタ♂
父アーチャー　母ヒナタ

のほほんとマイペースな性格。お母さん以外の、同居のカナエに甘えることもあります！

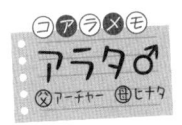

る個体もいるわけで、いつ何が起こるかはわかりません。年齢が合わない、性別に偏りがある等で、繁殖ができなくなる事態が起こると、頭数の盛り返しが困難になります。であれば「種の保存」の役目を果たすため「今できることを、今したい」が、平川動物公園の考えです。

「躊躇していたらタイミングを逃す」ということが常に頭にあり、今月は発情が来ると把握しているのであれば、あとは個体の雰囲気を見て、やるかやらないかを決めるだけ。そこに迷う時間はありません。頭数がいるからこそ「今やろう！」という決断もすぐにできます。

アーチャーも「種の保存」を図るためにオーストラリアのドリームワールドとの契約のもと、2022年の夏に迎え入れました。現在5頭もの子を残してくれています。これは平川動物公園での将来の血統のためだけでなく、他の飼育園でも活躍してくれるのを願ってのことです。「2年で5頭も！」と思われるかもしれませんが、前述のとおり、いつ何が起きるかわかりません。「明日じゃなくて、今日しよう。今このタイミングでやろう」というスピード感と判断力を常に持ち、日常の作業の合間にペアリングの時間を確保できるようにしています。

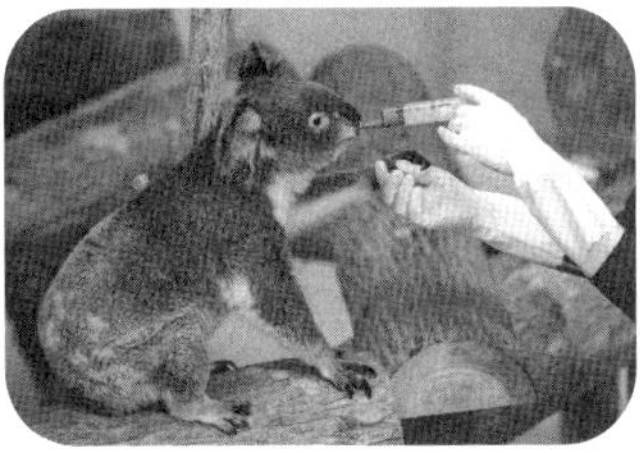

コアラメモ

ユメ♀

父フランク 母ブランディ

子育て6回目の頼れるビッグマザー。子育ては飼育員以上に「何でもおまかせ！」です。

「飼育頭数国内1位」の葛藤

平川動物公園は「飼育頭数国内1位」ではありますが、逆に「死亡頭数も国内1位だよね」と言われることがあります。繁殖数や飼育頭数に関しては確かに他の飼育園さんに比べて多いですが、個体の寿命を延ばすための管理の仕方や、病気を防ぐ方法は、他の飼育園さんを参考にする場合もたくさんあります。実は全国のコアラ飼育員のLINEグループもあり、何かあれば都度共有、相談をしている仲間です。

ですが、前述のとおり「できる時にすぐやる！」という繁殖のスタンスは、今後も変わりません。他の飼育園さんは頭数を考えれば、2年に1頭、数年に1頭だとしても慎重にやられていて、それは当然のことです。うちは半年に1〜2頭の出産があるので、「平川、雑」なんて言われることもありますが（笑）。

今回も、アーチャーとカナエのペアリング（65ページ参照）が成功したと思っていたところ、出産予定日付近でカナエに発情の戻りが見られ、結果妊娠はして

コアラメモ
リオ♀
父ブンダ 母ココロ
ペーストが大好き！
何をされても怒らず、
誰とでもうまくやれる
優しいお姉さんです！

いませんでした。カナエのケースだけでなく、もしメスに発情が来ていたとしても「たまたまペアリングしたタイミングが悪かった」、「その時だけは気分でなかった」……。こんなことばかりで、うまくいかないことも多いのです。

　つくしも本当は、血縁から見るとアーチャーとペアリングをさせる方が優先順位は高いのですが、残念ながらつくしのアーチャーへの想いは一方通行のようで……。であれば、つくしのベストタイミングも逃したくないので、いとこ関係にあたるライトとペアリングをさせています。国内の飼育頭数から考えると、コアラはまだ危機的な状況ではありませんが、近年では親子交配を検討しなければ、頭数が保てなくなる動物もいるのです。だからこそ、今のうちに、頭数を増やさなければいけないプレッシャーもあります。

　他の飼育園さんが慎重であるのと同じように、平川動物公園も十分慎重に、飼育でも繁殖でも個体のことを第一に考え、日々業務にあたっています。そして、幸いなことに、飼育員の判断を上司に伝えると、「繁殖ができる時にさせてあげた方がいい、困ったらなんとかするよ」と言ってもらうことができ、バックアップ態勢も整っています。

　そして、なによりもお伝えしたいのは「コアラを飼育するには、一番にユーカ

コアラメモ
ヒマワリ♀
㊋バンブラ ㊌ユメ

母ユメを継ぐ、子育て上手な将来のメスの大黒柱！　目元の雰囲気もユメそっくりです。

りの確保が大事」ということです。コアラが増えても、ユーカリの本数が対応できていなければ、破綻するのが目に見えています。その点、平川では飼育員が飼育とユーカリ管理の両方の業務を行っており、さらにユーカリ畑管理に特化した専門のスタッフも2名います。冷蔵庫の中身と相談しつつ「今日はここの畑のユーカリを採取して与えよう」など、コアラたちにとって一番良い決断をすることが可能です。

動物園の飼育員には、飼っていた動物が亡くなった時に「あの時様子がおかしいと感じたのだから、すぐに獣医師に診てもらえば良かった」など、「○○しておけば良かった」と思うことが少なからずあります。結果、残念な状況が起きてしまうと、「明日じゃなくて今日しよう、今このタイミングでやろう」という気持ちが業務の中で強くなり、そういったところがスピード感につながっているのかもしれません。今やらないと後悔するかもしれないし、個体にとっても良くないかもしれない。そのスピード感は、はた目から見ると、雑っぽく感じるのかもしれませんね（笑）。

コアラメモ

キボウ♀

父バンブラ　母ジェイン

やや頑固で我が強いですが、まわりの空気を読んで動ける、媚びないしっかり者です！

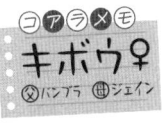

オーストラリアの現状に対して私たちができること

コアラはIUCN（国際自然保護連合）の「レッドリスト」において、絶滅危惧種（VU：危急）に指定されています。コアラ自体は保護対象であるものの、実際にオーストラリアへ行った時に感じたことは、みんなから愛されている動物でありながら、野生のコアラの生息地は減る一方だということです。住宅地や工場が増え、結果として交通事故も多く、対策はされてきていますがゼロにはできません。2019年〜2020年にあった大規模な森林火災、地球規模での気候変動も、オーストラリアの努力だけではどうにもならないものです。

そのような中で皆さんには、まずは「コアラ」という動物に興味を持っていただけるだけで嬉しいです。「可愛い」と思ってもらえるだけで十分です。その後、第1章でもお話しした不思議な生態のことや、コアラの特徴をたくさん知ってください。そこからコアラの歴史、オーストラリアの現状を調べていただくと、コ

コアラメモ
インディコ♀
父イシン　母ティリー

地元の名古屋時代からのファンも大変多く、顔立ちが整った、子育て上手なお母さんです。

アラの個体数減少の原因となる環境問題等にも関心を持っていただくことにつながり、最終的に「コアラの保全」に結びついていきます。これが「動物園でコアラを飼育している理由」のひとつでもあるので、そこまでたどり着いていただけたら本当に嬉しいです。

平川動物公園では、実際にコアラを近くで見ていただける「コアラのお食事タイム」を毎日開催しています。パネルの掲示やお客様との会話も、積極的に行っています。お客様にコアラについて知ってもらうことが、動物園の飼育員の一番大事な仕事であると思っています。

正直、パンダのように大人気でみんなによく知られている動物ではありません。「コアラ」という名前を知っていたとしても、赤ちゃんがうんちを食べることや、エサであるユーカリの種類、指の形まで知っている方はそこまで多くないと思います。コアラに関して不思議に思うことは、毎日行っている「コアラのお食事タイム」で、ぜひ聞いてください。たくさんコアラを見に来てもらえるだけで幸せです。

コアラメモ

つくし♀

父イシン 母りん

恋に前のめりな猪突猛進女子。コアラには珍しい垂れ耳で、きゅるんとした目が特徴です。

落合飼育員がコアラから学んだこと

飼育員3人の中では、一応リーダー的ポジションを担っています。これまでにゾウやカンガルー、ペンギン、アマミノクロウサギなど、多くの動物の飼育経験を重ねて、今はコアラを担当していますが、やはり他の動物に比べても特に気が抜けない、変化が読めない動物であると感じます。「寝ているばかりで、変化に気づいた頃には、時すでに遅し」、病気の治療そのものもなかなか難しいです。だからこそ、ポイントを押さえて見るべきことはしっかり理解しており、なによりも、ユーカリの栽培から調達、給餌にかけての一貫した作業を、僕自身が先頭に立ってやっていきたいと思っています。大変な仕事ではありますが、コアラの0から100まで関われるのは、この平川動物公園でしか経験できない仕事です。コアラ飼育員という狭い世界では、たとえ5年のキャリアであっても胸を張って「ちゃんとやれている、今までやっていたことは間違っていない」と自信を持って言えるものです。それは、実際にアーチャーを迎えるために、オーストラリアの飼育園を訪問した際にも感じました。

しかし、病気になってしまった個体との向き合い方は、うちだけではなく、日

コアラメモ

ヒナタ♀

父ブンタ 母ヒマワリ

平川のやんちゃアイドルから可愛いママタレへ！　初の子育ても上手な温厚な子です！

本全国、またオーストラリアのコアラ飼育園でも同様に、「どうにもならないけれど、このまま今の飼い方を続けてもよいのか」というジレンマがあります。どういう飼い方がベストなのか、言い方を変えれば、どのようにすればコアラたちが満足してくれるのか……。

鹿児島大学の獣医学の先生が協力してくださり、「いいサプリメントがあれば、試してみましょう」とご提案いただくこともあります。もちろん健康な個体に実験的なことはできませんので、すでに治療するには厳しい状態の個体や高齢個体に対して、一縷の望みで少しでも免疫力が高まればという思いでサプリを与えます。そこで良い結果が出れば、これからの治療にも活かせるので、今後の課題として突き詰めていきたい部分です。また、獣医がメインで治療するとしても、飼育員として今までに何十頭と見てきているからこそ、個体の性格や雰囲気を考慮した上で、エサの食べ方を見たりして「この治療は今なら耐えられる」、「今やらないと後はない」といった部分も判断できるので、やはりそこは任せきりにはできません。どの動物でも同じですが、獣医と飼育員が協力し、納得した上で治療していくべきだと考えます。

このような毎日をくり返しており、「人生への挑戦や自信」を、僕はコアラたちからもらっているのかもしれません。

コアラメモ

カナエ♀

父バンブラ 母ユメ

謙虚で控えめ、押しにもちょっと弱いけど、好きなものには芯が通った意志の強い子です。

目指すはコアラの森

将来的には、現在の新館をさらに発展させた「コアラの森」を作りたいと考えています。屋内での植物の栽培は難しいのですが、シマトネリコという樹木や、ベンジャミンという観葉植物であれば、枯らさずに育てていけそうなので「緑の中で暮らすコアラ」の展示を目指したいです。実現すれば、コアラにとっても居心地の良い環境になり、お客様にもコアラのもっとリアルな生態を近くで見ていただける空間にもなります。

さらに、園の方針として「もっとコアラを飼う場所を増やしたい」という目標があります。平川動物公園では、現在約130種・900点の動物を飼っており、その中には将来、絶滅の恐れがある動物もいます。マサイキリンは国内で9頭しかおらず、シロサイもなかなか導入が困難で、展示が途絶える可能性は大いにあります。コアラはまだそこまでの状況ではありませんが、この40年間飼ってきた中で、コアラの魅力をこれで伝えきれているのかというと、まだまだお伝えすることはたくさんあり、もっと発展させる必要があります。

ユーカリの森にコアラを放し飼いにし、木の下にはカンガルーもいるような施

コアラメモ

ピース♀

父ブンダ　母ジェイン

平川一のツンデレ！発情してるのに「してないよ」と、いつも手のひらで転がされます。

設で、お客様も散歩ができるような空間を実現できたら最高です。しかし、これを実現するためには少ない頭数だと難しいので、今18頭いるコアラたちを今後20頭、30頭と増やし、そのタイミングでいろいろ挑戦できたらと思います。

現在、コアラ館の新館は、ガラスで隔てられずに、コアラをウォークスルー方式で観察することができ、ドアが開いた瞬間からユーカリの香りを感じつつ、組木を歩く音や鳴き声、コアラたちが食事する咀嚼音まで聞き取れる空間です。「コアラが休まらない空間ではないのか?」と、ご意見をいただくこともあって、新館にコアラが住み始めた頃、鹿児島大学の先生に「コアラのリラックスを示すホルモン」の量を測っていただきました。住み始めた当初は数値が下がったのですが、そこからすぐに改善し、以前の住処と同じ、もしくはそれ以上の結果が出たので、この形はコアラにとっても良いものであるとわかりました。

皆さんも、ぜひ平川動物公園のコアラたちに会いに来てください。まずは純粋にコアラを好きになってもらいたいです。それはきっと最終的に保全や保護につながっていきます。そして、そのための「動物園の役割」にまで理解を深めていただけるようであれば、これほど幸せなことはありません。

コアラメモ

ツムギ♀

父アーチャー　母ユメ

アクティブな子で、母親のユメが大好きです。新しいユーカリにも一目散に近寄ってきます。

コアラを観察！おすすめ時間帯

9:00頃
朝ごはんタイム

開園と同時がおすすめです。コアラたちが、エサを食べている様子を見ることができます。

11:00
コアラのお食事タイム

毎日 11 時からイベント広場で、コアラの生態の解説、エサやユーカリペーストを食べる姿を観察できるガイドを行っています。

※天候や個体の状況により、新館で開催する場合があります。

16:00頃
ユーカリペーストタイム

コアラたちにペーストを与える時間帯です。個体ごとに個性が違うので飲む姿は必見です。

※天候により、時間帯を変更して行う場合があります。

寝ていてもかわいいよ！

鹿《か》児《ご》島《しま》市《し》平《ひら》川《かわ》動《どう》物《ぶつ》公《こう》園《えん》

楽しく学べる、楽しく遊べる動物公園

緑に囲まれた自然の中で、遊びながら動物の生態を観察し、ふれあいを通じて、自然保護や動物愛護の精神を学べる環境づくりを目指しています。

南国鹿児島らしく、人と動物にやさしい動物公園

訪れる人が快適に利用しながら、南国鹿児島を体感していけるような空間。そして、動物たちがいきいきと生活できる場所となり、その動物たちを通じて、少しでも動物を理解し、考えていけるような施設づくりを行っています。

●所在地
〒891-0133
鹿児島県鹿児島市平川町5669-1
TEL：099-261-2326
https://hirakawazoo.jp

●営業時間
開園時間：9時～17時
（入園は16時30分まで）
休園日：12月29日～1月1日

●SNS
Instagram・X　@hirakawazoo

著者・撮影協力

平川動物公園
飼育展示課　係長・学芸員　**落合晋作**
主任　**村上浩一**
技師　**駒寿礼奈**

ユーカリ管理担当
飼育展示課　技師　**徳重啓介**
技師　**吉川英智**
技師　**藤本健司**

広報
教育普及係　係長・学芸員　**落合祐子**
管理課管理係　主任　**東史翁**

撮影
藤井大介
編集部

参考文献
・『動物園【真】定番シリーズ②　コアラ』エレファント・トーク監修　CCRE 株式会社（2008 年）
・公益社団法人日本動物園水族館協会　https://www.jaza.jp
・公益財団法人世界自然保護基金ジャパン（WWF ジャパン）　https://www.wwf.or.jp

すごいコアラ！
飼育頭数《しいくとうすう》日本一《にほんいち》の平川動物公園《ひらかわどうぶつこうえん》が教《おし》えてくれる不思議《ふしぎ》とカワイイのひみつ

発　行　2024 年 10 月 15 日

著　者　平川動物公園《ひらかわどうぶつこうえん》

発行者　佐藤隆信
発行所　株式会社新潮社
〒 162-8711 東京都新宿区矢来町 71
電話　編集部　03-3266-5611
　　　読者係　03-3266-5111
https://www.shinchosha.co.jp

装　幀　新潮社装幀室
組　版・印刷所　株式会社精興社
製本所　加藤製本株式会社

ISBN978-4-10-355861-3 C0045